绿色低碳技术
"双碳"目标的科技支撑

张士汉　温　全　洪竞科　著
张巧显　乔　晗　梁　鹏　王峣鹏

GREEN AND LOW-CARBON
TECHNOLOGY

SCIENTIFIC AND TECHNOLOGICAL SUPPORT
FOR THE DUAL CARBON GOALS

人民邮电出版社
北　京

图书在版编目（CIP）数据

绿色低碳技术："双碳"目标的科技支撑 / 张士汉
等著. -- 北京 : 人民邮电出版社，2025. -- ISBN 978
-7-115-64956-0

Ⅰ. TK018

中国国家版本馆 CIP 数据核字第 20241CF379 号

内 容 提 要

党的十八大以来，党中央始终保持加强生态文明建设的战略定力，通过采取一系列有
力措施，持续推进绿色低碳发展。绿色低碳技术是指能够有效降低碳能源消耗、减少温室
气体排放、防止气候变暖的技术，是实现"双碳"目标的关键手段。本书共 7 章，主要内
容包括国家"双碳"目标的时代需求与绿色低碳技术发展概况，化石能源清洁高效利用，
可再生能源，氢能，碳捕集、利用与封存，低碳零碳工业流程再造，绿色低碳技术的应用
与实践等。

本书可作为普及读物，帮助初学者快速全面掌握绿色低碳技术领域的基础知识，也可
作为绿色低碳技术发展政策制定的参考资料，还可作为从事绿色低碳领域相关研究的科研
人员以及管理人员的参考用书。

◆ 著　　　　张士汉　温　全　洪竞科　张巧显　乔　晗
　　　　　　梁　鹏　王峣鹏

责任编辑　刘盛平

责任印制　马振武

◆ 人民邮电出版社出版发行　　　北京市丰台区成寿寺路 11 号

邮编　100164　电子邮件　315@ptpress.com.cn

网址　https://www.ptpress.com.cn

固安县铭成印刷有限公司印刷

◆ 开本：700×1000　1/16

印张：15.75　　　　　　　　　　　2025 年 4 月第 1 版

字数：270 千字　　　　　　　　　　2025 年 4 月河北第 1 次印刷

定价：99.80 元

读者服务热线：(010)81055410　印装质量热线：(010)81055316

反盗版热线：(010)81055315

编委会成员

前言

　　党的十八大以来，习近平总书记站在国家发展和安全的战略高度，多次对推动我国能源生产和消费革命作出深刻论述，强调"绿色低碳发展，这是潮流趋势，顺之者昌"。2023年12月召开的中央经济工作会议进一步强调，要深入推进绿色低碳发展。

　　绿色低碳科技作为美丽中国建设的重要保障，是经济社会发展全面绿色转型的关键支撑。新征程上，围绕人与自然和谐共生的中国式现代化对科技的迫切需求，以习近平同志为核心的党中央对绿色低碳科技发展的战略目标、重点任务、人才支撑和管理模式等作出新部署，开启了中国绿色低碳科技发展的新阶段。

　　本书立足于我国绿色低碳技术的发展现状，围绕绿色低碳理论、技术开发与应用以及工程实践等方面的内容，开展科技支撑"双碳"目标的系统研究。本书全面梳理并概括了当前各类绿色低碳技术，解决了知识点"碎片化"的问题，全面介绍了绿色低碳技术所涵盖的知识要点，旨在帮助读者快速建立起绿色低碳技术的知识体系。本书注重理论与实践的结合，通过大量的案例分析和实践经验分享，让读者能够更加直观地了解绿色低碳技术在实际应用中的效果和价值。本书介绍了国内外相关领域的技术方法，包括碳捕集、利用与封存技术，低碳零碳工业流程再造技术等前沿领域的最新研究成果。本书对绿色低碳技术开展了全面的对比分析，便于读者了解各项技术的发展现状和差异，并学习和借鉴。

　　本书共7章，详细探讨了我国实现"双碳"目标的科技支撑，分析了国内外的碳排放现状、挑战与机遇，以及高耗能行业的减排路径；介绍了支撑"双碳"目标的绿色低碳技术体系，包括化石能源清洁高效利用，可再生能源，氢能，碳捕集、利用与封存，低碳零碳工业流程再造；同时，以技术应用案例的形式具体介绍各类绿色低碳技术的应用与实践情况，包含绿色工厂、绿色工业园区、绿色电力体系、能源互联网等。

本书基于作者近年来在绿色低碳技术领域的研究工作及成果，由浙江工业大学张士汉教授团队、清华大学温全副研究员团队、重庆大学洪竞科教授团队、中国 21 世纪议程管理中心张巧显研究员、中国科学院大学乔晗教授团队、中国联合网络通信集团有限公司教授级高级工程师梁鹏及上海理工大学王峣鹏博士联合撰写。

本书的研究成果受到国家自然科学基金青年科学基金项目（72203082）、国家自然科学基金重大项目（72192843）以及国家社会科学基金哲学社会科学领军人才项目（22VRC055）的资助，在此表示感谢。

由于作者水平有限，书中不足之处，敬请读者批评指正。

作者
2024 年 8 月

目录

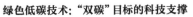

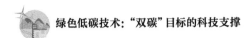

第 1 章

国家"双碳"目标的时代需求与绿色低碳技术发展概况

双碳，即碳达峰与碳中和的简称。"双碳"目标是党中央应对全球气候危机、推动生态文明建设、促进能源转型、推进国内经济高质量发展所作出的重大战略决策，具有广泛而深远的意义。绿色低碳技术是指能够有效降低碳能源消耗、减少温室气体排放、防止气候变暖的技术手段。从短期看，处理好经济转型发展与碳约束的矛盾亟须技术支撑；从中期看，推动经济保持低碳、脱碳发展最终要依靠科技；从长期看，提升我国在国际低碳市场的竞争力关键在于技术水平。目前，世界主要国家、国际组织已将绿色低碳技术作为"双碳"目标实现的重要保障。

1.1 全球碳排放与"双碳"目标

1.1.1 全球碳排放与"双碳"目标背景

由联合国倡导、全世界 178 个缔约方共同签署的《巴黎协定》于 2016 年起实施生效，该协定提出"全球各国尽快实现温室气体排放达到峰值、21 世纪下半叶实现温室气体净零排放"的发展目标。为推动《巴黎协定》有效实施，第 26 届联合国气候变化大会（COP26）于 2021 年 10 月 31 日至 11 月 13 日在英国格拉斯哥召开。此次会议是全球层面上最新一次标志性的"双碳"目标行动，197 个与会国家签署了《格拉斯哥气候公约》，就《巴黎协定》实施细则达成共识。另外，114 个国家还签署了《关于森林和土地利用的格拉斯哥领导人宣言》，承诺到 2030 年停止砍伐森林，扭转土地退化状况，这些成果对于推进各国落实"双碳"目标具有积极意义。

为此，世界各国政府相继出台"双碳"目标的国家战略，新增或更新国家碳减排目标，构建并布局零碳的未来蓝图。根据英国智库能源与气候情报部门（ECIU）发布的"全球零碳追踪计划"，截至 2022 年 5 月，已有 114 个国家提出碳中和或温室气体净零排放的战略目标，这些国家代表了全球 90% 的经济总量、85% 的人口以及 88% 的碳排放量；此外，有 75 个国家提出其他不同程度的碳减排战略目标。

世界各地的许多政府和企业已出台"双碳"目标发展措施，承诺为减缓全球变暖、发展绿色经济做出努力。与此同时，全球碳排放增长趋势有所减缓，2020 年，全球化石燃料二氧化碳排放量较 2019 年减少约 5.6%。然而，全球平均二氧化碳浓度继续升高的长期趋势并没有变化，按照当前形势及各国已承诺的"双碳"目标，距离实现"1.5 ℃全球温控目标"仍有较大差距，无法有效规避气候灾害及其对自然和人类社会造成的巨大风险。联合国政府间气候变化专门委员会（Intergovernmental Panel on Climate Change，IPCC）第六次评估报告于 2022 年发布，重申了人类活动对气候变暖的确定性影响，评估了气候变化对自然和人类社会将造成的巨大损失，评估了全球减缓和适应气候变化工作的已有进展及长期影响，敦促全球各国抓住窗口期，在未来几十年内大幅减少二氧化碳和其他温室气体净排放量。

1.1.2　全球"双碳"目标新进展

全球"双碳"目标已取得部分阶段性进展，并在气候协定、绿色复苏、能源安全等多重背景下，开启了新一轮发展浪潮。这些新进展突出体现在：全球碳排放增长呈现放缓态势，煤炭的能源地位下降；全球碳市场数量增加和规模不断扩大，碳排放权国际流动势头逐步显现；后疫情时代绿色经济复苏的需求上升，减排成本效益的预期更加积极，以风险投资为代表的企业界将在全球经济脱碳中发挥重要作用。

1. 全球碳排放增长放缓，能源脱碳得到更多响应

尽管 2010—2019 年的全球人为温室气体净排放总量持续上升，但是其年均增长率已降低至 1.3%，较 2000—2009 年间的年均增长率 2.1% 呈现放缓态势。2010—2019 年，全球能源强度［单位国内生产总值（Gross Domestic Product，GDP）一次能源消费量］年均减少 2%，能源碳强度（单位 GDP 一次能源消费量产生的二氧化碳量）年均减少 0.3%。2005 年以来，全球范围内已有至少 18 个国家实现了持续 10 年以上的绝对减排。

能源部门贡献了温室气体排放总量的约 1/3，因此全球碳排放增长趋势放缓在很大程度上得益于能源系统的优化。一方面，低排放技术（low-emission technology）的创新和传播得到政策支持，清洁能源生产成本持续下降。2010—2019 年，太阳能发电成本下降 85%、风能发电成本下降 55%、锂电池发电成本

下降85%。另一方面，清洁能源和节能减排投资力度提高。同样在2010—2019年期间，全球太阳能装机容量增长10倍以上，电动汽车产量增长100倍以上。因此，全球范围内清洁能源使用量快速增加，化石能源消费占比下降，能源碳强度得到降低。根据国际可再生能源署（IRENA）发布的《2022年可再生能源统计年鉴》，截至2021年年末，全球可再生能源发电装机容量达到30.64亿kW，可再生能源发电量在全球总发电量中的份额上升到38.3%。

在新一轮"双碳"目标下，第26届联合国气候变化大会促成了一系列能源脱碳成果，象征着煤炭的能源地位很可能会继续下降。首先，英国牵头倡导了"全球煤炭向清洁能源转型声明"，签署方承诺结束煤炭投资，扩大清洁能源规模，世界主要经济体到2030年、其他相对落后的国家到2040年淘汰煤电。其次，法国、丹麦等11个国家宣布成立"超越石油和天然气联盟"，旨在设定国家油气勘探和开采的结束日期，终止所有新的、涉及石油和天然气的特许权、许可和租赁。此外，美国、加拿大等国家和一些公共金融机构签署了联合声明，承诺在2022年前停止对没有减碳措施的化石能源项目的直接公共投资，优先支持向清洁能源的转型。

除了政府层面的能源脱碳声明，越来越多的企业也开始倡导在业务中使用可再生能源。例如，苹果、微软、通用汽车等全球110多家企业加入了"RE100"企业联盟。该联盟的目标是在业务中全部使用可再生能源。

根据IPCC第六次评估报告预测，如果各国切实执行减排倡议和承诺，在实现有效控温目标的预期路径中，全球煤炭资产将在2030年前面临搁浅风险，而石油和天然气资产在21世纪中叶也将面临搁浅风险，同时，化石燃料的国际贸易量将会逐步减少。

2. 全球碳市场加速建设，温室气体排放成本上升

碳排放交易市场作为世界各国控制温室气体排放的主要经济手段之一，近年来发展势头迅猛，数量不断增加，覆盖范围加速扩大。根据国际碳行动伙伴组织（International Carbon Action Partnership，ICAP）统计，自2005年全球第一个碳市场——欧盟碳排放交易体系正式启动以来，目前全球共有25个碳市场正在运行，覆盖全球温室气体排放量的17%。仅2021年启动交易的国家级碳市场就有3个，分别为我国的全国碳排放权交易市场、德国国家碳市场和英国

碳市场。此外，另有 22 个碳市场正处于建设或筹备阶段，覆盖范围向南美洲和东南亚地区延伸，例如哥伦比亚、印尼、越南等国家。截至 2021 年年末，全球碳市场已累计筹集资金 1 610 亿美元。这些拍卖收入可以增加公共财政收入，用于支持清洁能源、节能减排、低碳创新等"双碳"目标措施的执行。

随着世界各国"双碳"目标实施的深化，全球各个碳市场的碳价总体呈现上升趋势。特别是在各国相继公布新一轮碳中和（或零碳）目标的战略背景下，市场预期碳排放权配额总量将会下降，因此，2021 年碳价大幅提高，各国温室气体排放成本急剧上升。其中，全球交易量最大的碳市场——欧盟碳排放交易体系的配额价格突破 100 美元 /t，创历史新高，比 2020 年价格翻一番；北美两大碳市场（WCI 和 RGGI）的碳价较 2020 年上涨 70%。我国的全国碳排放权交易市场于 2021 年下半年启动交易，年底收盘价为 54 元 /t(约合 7.5 欧元 /t)，比开盘价上涨约 13%。

全球碳价仍然存在上升空间。经济合作与发展组织（OECD）数据显示，碳价每上升 1 欧元，会使二氧化碳排放在长期内下降 0.73%。世界银行围绕碳定价指出，要实现《巴黎协定》提出的地球气温上升目标，各国的碳价水平需要定在 40 ～ 80 美元 /t。国际货币基金组织（International Monetary Fund，IMF）副总裁李波在博鳌亚洲论坛 2022 年会上提出，IMF 对碳定价的一些分析表明，为了实现在 21 世纪中叶控制气温上升 1.5 ～ 2 ℃的目标，在 2030 年前完成 25% ～ 50% 的全球减碳任务，2030 年全球平均碳价需要达到 70 美元 /t。2021 年，路透社对来自世界各地的多位气候经济学家进行了提升碳价的民意调查，结果显示：为了实现 2050 年净零排放目标，60% 受访专家认为全球平均碳价需要提高到 100 美元 /t。

在全球统一碳市场建立方面，《巴黎协定》第六条曾提出设想，通过建立一个由联合国监督的国际碳交易市场，减排成本低的国家可以将自己的减排量在国际市场上售卖转让给减排成本高的国家，从而实现碳排放权在全球的最优配置，形成最低成本的减排路径。然而，该条协定在实施细则上存在不少遗留问题。2021 年，《格拉斯哥气候公约》议定了全球碳市场的基本制度框架，明确了国际碳交易中的双重核算、征税等问题的解决方案，计划通过促进不同区域碳市场间的碳信用额度交易来实现全球气候目标。虽然建立全球统一碳市场在碳配额、统一碳价等方面仍存在难以克服的约束，但是预期未来全球各碳市场会进一步加深合作，实现碳排放权在国际上的流动。一些已有的动向包括：碳价相近的不同国家/经济体碳市场进行连接，使碳价趋同，如 2020 年瑞士碳市场与欧盟碳市场完成了连接；2021 年 7 月，来自中、美、欧三方的高级别政府官员、学者以及来自国际货币基金组织、经济合作与发展组织等国际机构的代表举行线上会议，旨在共同推动形成全球性碳定价机制。

3. 寻求绿色经济复苏，"双碳"成为重要竞争领域

自欧洲"绿色新政"提出、全球各国绿色发展浪潮开启以来，国家实施"双碳"目标发展战略的主要动机一直在于谋求绿色经济可持续增长。也就是说，"双碳"目标是一项"新的增长战略"，目的是在应对气候变化、实现碳中和（或零碳）的前提下，谋求经济发展，在"双碳"目标发展的新赛道占据全球领导者地位。

一方面，在后疫情时代，绿色经济复苏的需求和价值正在显现。例如，欧洲投资银行（European Investment Bank，EIB）发布的《2021—2022 年度气候调查报告》显示，大多数欧洲人认为气候政策是经济增长的来源，将创造更多的就业机会，并提高生活质量。英国智库的一些研究结果显示，绿色复苏措施可以带来强劲的经济乘数效应，明智的绿色投资可以为国民经济带来 3～8 倍的收益；可以在未来 10 年为英国创造 160 万个新工作岗位，具体领域包括家庭能源消耗、低碳公共交通、植树和泥炭地修复等。联合国粮食及农业组织（Food and Agriculture Organization of the United Nations，FAO）发布的《2022 年世界森林状况报告》指出，通过森林养护、土地修复、建立森林绿色价值链等路径，有助于实现经济的绿色复苏。

另一方面，随着人们对气候影响和风险认识的不断提高，"双碳"目标发展路径愈加可行。学界对碳减排的预期成本与收益给出了更加明确的估计：在不考虑气候变化造成的经济损害时，减排行动对全球 GDP 的总体影响较小，当控温目标设定为 2 ℃（置信区间大于 67%）时，预计 2020—2050 年全球 GDP 仍将至少翻一番，总体增长仅减少 1.3%～2.7%，年均增长减少 0.04%～0.09%。在考虑气候变化带来的经济损害时，将变暖目标限制在 2 ℃的全球成本将低于减缓变暖带来的全球经济效益，如果将全球碳排放峰值控制在 2025 年之前，那么会需要更高的前期投资，并带来更大的长期经济收益。

除科学研究和行动倡议以外，越来越多的企业期望在全球经济脱碳中发挥作用，气候科技乃至可持续领域获得的风投资金大幅提高。全球最大的资产管理公司贝莱德的首席执行官拉里·芬克（Larry Fink）先后在 2021 年 10 月举行的"绿色中东"倡议峰会、2022 年度"致首席执行官的新年信函"上表示：气候变化是一个巨大商机，下一个催生 1 000 家独角兽的领域将是气候科技，这些初创企业从事绿色氢能、绿色农业、绿色钢铁和绿色水泥等技术的开发，帮助世界脱碳并让所有消费者都能负担得起能源转型成本。微软公司联合创始人比尔·盖茨也在 2021 年的线上气候科技峰会上表示，气候科技领域将获得大量投资资金，产生新一批微软、谷歌、亚马逊、特斯拉式的巨头企业。普华永道在《2021 年气候技术状况》报告中指出，目前全球已有超过 3 000 家气候科技初创公司，其中独角兽 78 家；气候科技领域在 2020 年下半年至 2021 年上半年，获得投资总额达 874 亿美元，比上年同期增长 210%，占当年所有风投资金的 14%；美国、欧洲和中国是全球三大最主要的气候科技投资市场。

1.1.3　全球"双碳"目标新挑战

全球"双碳"目标的实施一直面临着诸多挑战，如绿色溢价、能源和技术路径依赖、技术风险与不确定性、消费主义等。其中，多数挑战随着科研、经济、政治领域及公众对气候影响和风险认识的全面提高，以及多年可持续性倡议和行动产生的累积效应而逐渐淡化，如大量气候科技风投资金正在有效降低绿色溢价。与此同时，一些新的挑战正在出现，可以简单概括为：目标收紧、区际失衡、行动落差。

1. 目标收紧：全球控温目标从 2 ℃变为 1.5 ℃

1.5 ℃全球控温目标是指努力控制全球升温幅度到 2100 年不超过工业化前的 1.5 ℃，是《巴黎协定》设定的长期温控目标。此前，2009 年的《哥本哈根协议》提出将全球气温上升控制在"低于 2 ℃"的长期温度目标，相关可行性研究及减排措施也均按照 2 ℃设定而展开。1.5 ℃控温目标显然是对 2 ℃温控目标的强化，实施难度将大大提高。

然而，1.5 ℃温控目标是必要的。2015 年，联合国气候变化框架公约组织学界展开评估，通过气候模型预测升温 1.5 ℃和 2 ℃之间的区域气候特征差异。

评估结果认为，以此前议定的 2 ℃变暖限值作为"护栏"并不安全，太平洋岛国、撒哈拉以南非洲等脆弱国家无法应对 2 ℃变暖水平造成的气候灾难，各国政府应以 1.5 ℃为温控目标。IPCC 第六次评估报告指出，若全球气温增长超过 1.5 ℃，则气候变化产生影响的频率会增快，强度会增大，热浪和风暴的出现更加频繁，将对冰川、沿海等弹性较低的生态系统造成不可逆转的影响，人类生态系统面临的风险也将增加。如果将变暖限制在 1.5 ℃左右，那么全球温室气体排放量需要在 2025 年达到峰值，在 2030 年之前减少 43%，并在 2050 年左右实现全球二氧化碳净零排放；2050 年全球煤炭、石油和天然气的使用量需要大幅下降，与 2019 年相比，下降中值分别约为 95%、60% 和 45%。而此前的 2 ℃控温目标需要大约在 2070 年才能实现全球二氧化碳净零排放，即"碳中和"。

现实情况不容乐观。虽然全球碳排放的增长态势有所放缓，但是全球平均二氧化碳浓度仍在持续上升，2020 年达到 413.2×10^{-6} 的历史新高；全球平均海平面高度同样刷新有观测以来的历史纪录，2013—2021 年期间平均每年上升 4.5 mm；2021 年全球平均气温已高于工业化前（1.11 ± 0.13）℃，距离 1.5 ℃控温目标所剩无几。2021 年 10 月，联合国环境署发布的《2021 年排放差距报告》表明，根据各国更新后的国家自主贡献和已宣布的 2030 年减缓承诺（截至 2021 年 9 月底），全球预计排放量到 2030 年只能减少 7.5%。按照这一减排趋势，到 21 世纪末升温幅度将达到 2.7℃。提高全球"双碳"战略行动目标迫在眉睫。

2. 区际失衡：全球气候公正难破困局

气候公正是涉及发展权的问题。一般意义上，当前所强调的国际层面的气候公正是在全球气候行动中，发达国家要为其获得的利益承担相应的主要责任，帮助弱势群体、发展中国家、最不发达国家应对气候变化的一系列观念或行动，具体体现在减排额度的分配以及资金、技术等补偿措施的执行。

发达国家已经度过了农业及工业化的快速经济增长期，其二氧化碳排放在经济转型和全球化过程中已实现了自然达峰目标，目前正处于达峰后的面向碳中和目标的新阶段。但由于世界的材料工业和制造业等高耗能产业还处在向发展中国家转移的过程中，广大发展中国家依然处于二氧化碳排放的攀升或平台期。化石燃料的使用对于很多发展中国家而言仍然意味着能源安全和摆脱贫困的生存发展权问题。如果无法妥善应对转型乏力、工人群体利益保障等问题，势必影响国家整体采取应对气候变化行动的决心和积极性。此外，将全球控温目标从 2 ℃收缩为 1.5 ℃，一方面是对脆弱国家的保护，另一方面却对发展中国家带来了前所未有的减排挑战。

在"适应"气候变化方面，太平洋岛国、撒哈拉以南非洲地区等气候脆弱且最不发达国家面临着最大的挑战。首先，气候风险存在区域差异。随着全球变暖的加剧，气候损失和损害将难以避免地不断增加，并在各区域、系统和部门之间不均衡分布，集中在脆弱的发展中国家，特别是最贫穷的弱势群体中。其次，适应气候变化的能力存在区域差异。适应气候变化的行动资金主要来自公共财政，而最不发达国家的经济基础本就薄弱，加之不利的气候影响造成的损失和损害，国家经济增长将更加受阻，从而进一步制约气候适应行动的可用资金数量。因此，全球南方国家应更紧密地合作，形成新的联盟（如小岛屿国家联盟），争取资金支持来应对困境，并在提交减排国家自主贡献时增加附加条件，即自身有关气候适应计划的资金需求应得到支持和保障。

然而，气候资金谈判依然任重道远。发达国家提供气候融资是《联合国气候变化框架公约》中的一项长期承诺。自 2009 年哥本哈根气候变化大会起，发达国家集体承诺在 2020 年前每年提供至少 1 000 亿美元，以帮助发展中国家适应气候变化。然而这一承诺并未兑现。即使在欧盟国家内部，发展相对落后的中东欧国家与其他富裕国家之间也存在减排目标与援助之间的争议。据 IPCC 第六次评估报告，从 2013—2014 年度到 2019—2020 年度，追踪到的年度全球气候资金流增长了 60%，这一规模低于《联合国气候变化框架公约》和《巴黎协定》规定的集体目标。

3. 行动落差："双碳"倡议目标难以落实

"在全球变暖问题上，重要的是行动，而不是言辞。"联合国秘书长古特雷斯、COP26 气候大会主席阿洛克·夏尔马等多位领导人在各种场合多次强调"双碳"目标的行动落实问题。然而在全球层面上，IPCC 第六次评估报告和《全球碳预算 2021》报告先后指出，从 2020 年前后的全球减排效果来看，世界各国没有完成 2015—2016 年向《联合国气候变化框架公约》提交的自主减排目标，存在实施差距。在国家和区域层面，气候变化的进展同样不稳定，一些地区甚至出现逆转。例如，为了摆脱对俄罗斯天然气的依赖，一些欧洲国家重新转向使用煤炭；

美国宣布将进一步提高石油和天然气的生产，并承诺在 2030 年之前每年向欧洲提供 500 亿 m³ 的液化天然气，这些行为与此前承诺的、不再批准新的石油和天然气开采项目相违背。再如，印度尼西亚拥有占全球总量 1/3 的雨林面积，曾签署到 2030 年停止森林砍伐的协议，但是在签署的第二天就表示退出协议。此外，根据清华大学发布的《2023 全球碳中和年度进展报告》，目前很多国家的碳中和目标缺乏区域和行业级的目标分解支持，具有碳中和规划的次国家行动体占比仅只有 25% 左右，并且存在较高比例的规划只停留在排放总量、强度、削减目标的层面。可再生能源以外的其他行业缺乏碳中和的相关目标。

"双碳"目标行动力不足的原因可以部分归结为各项战略、协议缺乏监督实际行动的机制，只有长期目标，没有与之相适应的短期目标。因此，如何制定在经济、技术、制度上更为可行的"双碳"目标方案，也是新一轮"双碳"目标实施中的一大挑战。

1.1.4 全球"双碳"目标的国别模式

不同经济发展阶段、能源禀赋和消费结构、人口规模、地理区位等因素导致各个国家承担着不同的气候责任、承受着不同程度的气候风险、具备不同程度的气候适应能力，因而在新一轮"双碳"目标中呈现不同的响应态度，具体体现为不同的"双碳"目标模式，在减排目标取向、时间线、关键领域等方面存在差异。发达国家、新兴经济体、小岛屿发展中国家和能源出口国代表了几种较为典型的国别"双碳"目标模式（见表 1-1）。

表 1-1　几种典型的国别"双碳"目标模式

模式名称	目标取向	减排时间线	关键领域	代表性国家
发达国家模式	积极	2050 年之前温室气体净零排放	氢能、清洁电力、甲烷减排、绿色建筑、CDR 或 GGR 等	英国、法国、德国
新兴经济体模式	谨慎	2050—2070 年二氧化碳净零排放	可再生能源、工业减排、CCS（CCUS）、NCS 等	中国、印度、俄罗斯
小岛屿发展中国家模式	激进	目前至 2060 年温室气体净零排放	气候适应等	圭亚那、苏里南、马尔代夫
能源出口国模式	保守	2050—2060 年二氧化碳净零排放	化石能源脱碳、可再生能源、CCS（CCUS）等	阿联酋、沙特阿拉伯、哥伦比亚

1. 发达国家积极型减碳模式

以英国、法国、德国等为代表的发达国家"双碳"目标属于积极型模式，如表 1-2 所示。发达国家经济基础雄厚，经过工业化时期，多数国家已实现自然碳达峰，并对历史碳排放具有重大责任。例如，发达国家在新一轮"双碳"目标中整体表现较为积极，将零碳发展作为引领经济社会转型与发展的契机。发达国家"双碳"目标中的气候公平份额总体不足，气候融资贡献严重不足，在全球减排义务和气候公正方面存在较大提升空间。

表 1-2 主要发达国家"双碳"目标

国家	减排时间线	状态	关键领域	气候公正
英国	2030 年排放量较 1990 年下降 68%；2050 年温室气体净零排放	立法	清洁电力、海上风电、绿色建筑、新能源汽车等	气候公平份额不足；气候融资贡献高度不足
法国	2030 年排放量较 1990 年下降 55%；2050 年温室气体净零排放	立法	氢能、核电、工业脱碳、循环经济、基于自然的气候解决方案（natural climate solutions，NCS）等	气候公平份额不足；气候融资贡献高度不足
德国	2030 年排放量较 1990 年下降 65%；2040 年排放量较 1990 年下降 88%；2045 年温室气体净零排放	立法	风电、氢能、重工业脱碳、绿色建筑、新能源汽车、NCS 等	气候公平份额不足；气候融资贡献不足
美国	2030 年排放量较 2005 年下降 50%～52%；2050 年温室气体净零排放	政策文本	清洁电力、终端用能电气化、航空与海运减排、新能源汽车、甲烷减排、工业碳捕集与封存（carbon capture and storage，CCS）、NCS 等	气候公平份额不足；气候融资贡献极度不足
加拿大	2030 年排放量较 2005 年下降 40%～45%；2050 年温室气体净零排放	立法	化石燃料脱碳、清洁电力、工业 CCS、新能源汽车、甲烷减排、NCS 等	气候公平份额不足；气候融资贡献高度不足
日本	2030 年排放量较 2013 年下降 46%；2050 年温室气体净零排放	立法	海上风电、氨燃料、氢能、核能、绿色数据中心、绿色建筑、船舶与航空器减排、碳捕集、利用与封存（carbon capture, utilization and storage，CCUS）、NCS 等	气候公平份额不足；气候融资贡献极度不足
澳大利亚	2030 年排放量较 2005 年下降 26%～28%；2050 年温室气体净零排放	政策文本	化石燃料脱碳、工业 CCUS、氢能、未来燃料和汽车、NCS 等	气候公平份额高度不足；气候融资贡献极度不足

2. 新兴经济体谨慎型减碳模式

以俄罗斯、印度、巴西等为代表的新兴经济体"双碳"目标属于谨慎型模式，如表 1-3 所示。新兴经济体国家正在经历快速工业化、城市化阶段，消费需求快速增长，能源结构中化石燃料占比较大，多数国家碳排放总量仍在快速增长。国际能源署（International Energy Agency，IEA）预测，未来一段时期全球能源需求增量将主要来自新兴市场和发展中国家。因此，在新一轮"双碳"目标中，新兴经济体减排压力最大，面临快速减排与持续发展的困局，整体战略偏向谨慎。总体来看，新兴经济体"双碳"目标的关键领域聚焦于可再生能源、工业减排、基于自然的气候解决方案（NCS）等；能源结构中将保持一定比例的化石能源；对"双碳"目标的行动决心有待加强，但正在逐步提升。2022年5月，《金砖国家应对气候变化高级别会议联合声明》发布，强调推进气候多边进程，反对绿色贸易壁垒，敦促发达国家履行气候资金承诺，尊重发展中国家和经济转型国家的发展权及政策空间。

表1-3 主要新兴经济体"双碳"目标

国家	减排时间线	状态	关键领域	气候公正
俄罗斯	2030年排放量较1990年下降30%；2060年温室气体净零排放	立法	液化天然气脱碳、核能、氢能、低排放技术、NCS等	气候公平份额极度不足
印度	2030年碳排放强度较2005年下降45%；2070年温室气体净零排放	声明	可再生能源、氢能、生物燃料、NCS等	气候公平份额高度不足
巴西	2030年排放量较2005年下降50%；2050年温室气体净零排放	声明	可再生能源、森林保护、甲烷减排等	—
南非	2025—2035年温室气体排放达峰；2050年温室气体净零排放	声明	可再生能源、工业减排、废弃物管理、农林与土地利用等	—

3. 小岛屿发展中国家激进型减碳模式

小岛屿发展中国家"双碳"目标属于激进型模式，如表1-4所示。小岛屿发展中国家（Small Island Developing States，SIDS）指一些小型低海岸的国家。这些国家领土面积较小，经济实力有限，极易受到气候变化和自然灾害的影响，且应对气候灾害的能力普遍较弱。因此，小岛屿发展中国家对于应对全球气候变化的"双碳"目标普遍态度积极，"双碳"目标较为激进，但是受经济实力等因素影响，其减排承诺通常是有条件的，只有在获得更多资金援助和技术支持的情况下才会实施。为了加强小岛屿发展中国家在应对全球气候变化中的声音，这些国家特别组建了小岛屿国家联盟（Alliance of Small Island States，AOSIS），现有39个成员和4个观察员。据不完全统计，这些国家中已有33个提出碳中和或净零排放目标，其中圭亚那、苏里南两国声明已率先实现净零排放,另有 6 个国家提出碳减排目标。

表 1-4　小岛屿发展中国家"双碳"目标

目标	减排时间线	代表国家
碳中和（净零排放）	已实现（自我评估）	圭亚那、苏里南
	2030 年	马尔代夫、几内亚比绍、巴巴多斯
	2040 年	安提瓜和巴布达
	2050 年	巴布亚新几内亚、巴哈马群岛等 27 个国家
	2060 年	巴林
	2070 年	毛里求斯
碳减排	—	多米尼加等 6 个国家

4. 能源出口国保守型减碳模式

以阿联酋、沙特阿拉伯、哈萨克斯坦等为代表的能源出口国的"双碳"目标属于保守型模式,如表 1-5 所示。能源出口国,尤其是石油和煤炭出口国,对化石能源重度依赖,一方面自身能源结构中化石能源占比高,另一方面能源出口关系到国家经济命脉。因此,这些国家对于清洁能源转型等"双碳"目标的立场一贯较为保守。进入新一轮"双碳"目标时期,随着阿联酋开始积极推动清洁能源转型,越来越多的能源出口国立场出现松动,发出碳中和倡议和声明。这一势头提振了全球"双碳"行动的信心。总体来看,能源出口国的"双碳"目标仍处于声明和政策制定阶段,行动领域聚焦于化石能源脱碳、可再生能源和 CCS 技术应用。此外,发达国家中的美国、加拿大、澳大利亚和新兴经济体中的俄罗斯也是能源出口国,因此在国家"双碳"目标中也强调坚持一定的化石能源消费比重,坚持化石燃料开采设施投资,并要求新建设施配备脱碳设施。

表 1-5　能源出口国"双碳"目标

国家	减排时间线	状态	关键领域	气候公正
阿联酋	2050 年温室气体净零排放	声明	化石能源脱碳、可再生能源、核能、CCUS、农业减排	气候公平份额极度不足
沙特阿拉伯	2060 年温室气体净零排放	声明	化石能源脱碳、可再生能源、CCUS、农林与土地利用	气候公平份额极度不足
哈萨克斯坦	2060 年温室气体净零排放	声明	化石能源脱碳、可再生能源、CCS、土地利用	气候公平份额不足
哥伦比亚	2060 年温室气体净零排放	声明	化石能源脱碳、可再生能源、清洁交通、森林保护	气候公平份额不足

1.2 我国碳排放的基本概况

1.2.1 我国碳相关的政策导向

2020 年 9 月,习近平主席在第 75 届联合国大会一般性辩论上宣布了中国碳达峰碳中和目标,旨在积极应对气候变化、实现可持续发展。碳中和愿景的重要宣示是加强生态文明建设、实现美丽中国目标的重要抓手,是我国履行大国责任、构建人类命运共同体的重大历史担当。表 1-6 和表 1-7 梳理了近年来我国积极应对气候变化的相关政策,涵盖国家战略规划、政策制度体系等重要指导文件。

表 1-6 国家战略规划

时间	政策名称	工作重点
2020 年 3 月	《关于构建现代环境治理体系的指导意见》	旨在构建党委领导、政府主导、企业主体、社会组织和公众共同参与的现代环境治理体系
2020 年 10 月	《中共中央关于制定国民经济和社会发展第十四个五年规划和二〇三五年远景目标的建议》	旨在深入分析国际国内形势,就制定国民经济和社会发展"十四五"规划和 2035 年远景目标提出了建议
2021 年 1 月	《关于统筹和加强应对气候变化与生态环境保护相关工作的指导意见》	旨在加快推进应对气候变化与生态环境保护相关职能协同、工作协同和机制协同
2021 年 3 月	《中华人民共和国国民经济和社会发展第十四个五年规划和2035 年远景目标纲要》	主要阐明国家战略意图,明确政府工作重点,引导规范市场主体行为,提出我国到 2035 年基本实现社会主义现代化的远景目标
2021 年 10 月	《国家标准化发展纲要》	旨在优化标准化治理结构,增强标准化治理效能,提升标准国际化水平。明确了 2025 年和 2035 年发展目标,以及完善绿色发展标准化保障、加快城乡建设和社会建设标准化进程等内容
2021 年 10 月	《中共中央 国务院关于完整准确全面贯彻新发展理念做好碳达峰碳中和工作的意见》	旨在完整、准确、全面贯彻新发展理念,做好碳达峰碳中和工作。明确了绿色低碳循环发展、经济社会发展全面绿色转型等方面的具体目标
2021 年 11 月	《中共中央 国务院关于深入打好污染防治攻坚战的意见》	旨在进一步加强生态环境保护
2022 年 2 月	《中共中央 国务院关于做好2022 年全面推进乡村振兴重点工作的意见》	提出推进农业农村绿色发展,扎实开展重点领域农村基础设施建设
2022 年 4 月	《中共中央 国务院关于加快建设全国统一大市场的意见》	从打造统一的要素和资源市场等六方面提出建设全国统一的能源市场、培育发展全国统一的生态环境市场等23 项要求,其中包括建设全国统一的碳排放权交易市场;推进排污权、用能权市场化交易;推动绿色产品认证与标识体系建设,促进绿色生产和绿色消费等内容

续表

时间	政策名称	工作重点
2022 年 5 月	《国家适应气候变化战略 2035》	旨在强化我国适应气候变化行动举措,提高气候风险防范和抵御能力
2023 年 1 月	《中共中央　国务院关于做好 2023 年全面推进乡村振兴重点工作的意见》	旨在加快建设农业强国,建设宜居宜业和美乡村
2023 年 2 月	《质量强国建设纲要》	旨在统筹推进质量强国建设,全面提高我国质量总体水平

表 1-7　政策制度体系

时间	政策名称	工作重点
2021 年 5 月	《关于加强自由贸易试验区生态环境保护推动高质量发展的指导意见》	旨在推动贸易、投资与生态环境和谐发展,将自贸试验区打造为协同推动经济高质量发展和生态环境高水平保护的示范样板
2021 年 7 月	《"十四五"循环经济发展规划》	旨在深入推进循环经济发展,推动实现碳达峰、碳中和
2021 年 7 月	《中共中央　国务院关于新时代推动中部地区高质量发展的意见》	旨在推动中部地区高质量发展,提出了 2025 年和 2035 年中部地区高质量发展的具体目标
2021 年 9 月	《关于深化生态保护补偿制度改革的意见》	旨在加快推动绿色低碳发展和生态文明制度体系建设
2021 年 10 月	《关于推动城乡建设绿色发展的意见》	旨在扭转我国大量建设、大量消耗、大量排放的建设方式,推动城乡建设绿色发展
2021 年 12 月	《"十四五"时期"无废城市"建设工作方案》	旨在发挥减污降碳协同效应,推动城市全面绿色转型,提出推动 100 个左右地级及以上城市开展"无废城市"建设试点工作
2021 年 12 月	《"十四五"节能减排综合工作方案》	旨在加快建立健全绿色低碳循环发展经济体系,助力实现碳达峰碳中和目标
2022 年 1 月	《关于加快废旧物资循环利用体系建设的指导意见》	旨在建立健全废旧物资循环利用体系
2022 年 3 月	《关于加快推进废旧纺织品循环利用的实施意见》	废旧纺织品循环利用对节约资源、减污降碳具有重要意义
2022 年 6 月	《减污降碳协同增效实施方案》	提出到 2025 年,减污降碳协同推进的工作格局基本形成、到 2030 年减污降碳协同能力显著提升等主要目标
2022 年 6 月	《中国清洁发展机制基金管理办法》	明确规定安排一定规模赠款支持与碳达峰碳中和、应对气候变化相关的政策研究和学术活动、国际合作和交流活动、能力建设的培训活动等,以充分发挥基金在支持国家碳达峰碳中和、应对气候变化方面的积极作用
2022 年 6 月	《"十四五"新型城镇化实施方案》	提出了 2025 年新型城镇化发展的主要目标及具体任务
2022 年 6 月	《城乡建设领域碳达峰实施方案》	旨在控制城乡建设领域碳排放量增长
2022 年 6 月	《科技支撑碳达峰碳中和实施方案（2022—2030）年》	提出到 2025 年实现重点行业和领域低碳关键核心技术的重大突破,到 2030 年建立更加完善的绿色低碳科技创新体系等目标
2022 年 7 月	《贯彻实施＜国家标准化发展纲要＞行动计划》	部署了包括实施碳达峰碳中和标准化提升工程、完善生态系统保护与修复标准体系在内的共计 33 项行动计划
2022 年 7 月	《"十四五"全国城市基础设施建设规划》	旨在建设高质量城市基础设施体系,提出了城市基础设施建设绿色发展的 2025 年及 2035 年目标

续表

时间	政策名称	工作重点
2022 年 7 月	《"十四五"环境健康工作规划》	设置了加强环境健康风险监测评估、大力提升居民环境健康素养、持续探索环境健康管理对策、增强环境健康技术支撑能力、打造环境健康专业人才队伍 5 项重点任务和 15 项工作安排
2022 年 9 月	《"十四五"生态环境领域科技创新专项规划》	旨在积极应对"十四五"期间我国生态环境治理面临的挑战，构建绿色技术创新体系，应对气候变化等全球共同挑战需要通过科技创新提出中国方案
2022 年 10 月	《关于推动职能部门做好生态环境保护工作的意见》	旨在切实推动有关职能部门履行好生态环境保护职责
2022 年 12 月	《关于进一步完善市场导向的绿色技术创新体系实施方案（2023—2025 年）》	旨在进一步完善市场导向的绿色技术创新体系，加快节能降碳先进技术研发和推广应用
2022 年 12 月	《扩大内需战略规划纲要（2022—2035 年）》	围绕 11 个方面出台 38 条举措，明确了"十四五"时期实施扩大内需战略的 5 个主要目标
2022 年 12 月	《企业温室气体排放核查技术指南 发电设施》	适用于省级生态环境主管部门组织的对全国碳排放权交易市场 2023 年度及其之后的发电行业重点排放单位温室气体排放报告的核查
2022 年 12 月	《企业温室气体排放核算与报告指南 发电设施》	旨在指导全国碳排放权交易市场发电行业 2023 年度及以后的碳排放核算与报告工作
2022 年 12 月	《国家重点推广的低碳技术目录（第四批）》	旨在大力支持低碳技术应用和推广，促进碳达峰碳中和目标实现
2023 年 1 月	《关于做好国土空间总体规划环境影响评价工作的通知》	要求各地在组织编制省级、市级国土空间总体规划过程中，应依法开展规划环评，编写环境影响说明，作为国土空间总体规划成果的组成部分一并报送规划审批机关
2023 年 2 月	《关于统筹节能降碳和回收利用加快重点领域产品设备更新改造的指导意见》	旨在加快节能降碳先进技术研发和推广应用，推进各类资源节约集约利用
2023 年 3 月	《固定资产投资项目节能审查办法》	旨在进一步提升节能审查工作效能；明确了各级政府机关的管理职责，规定了固定资产投资项目节能报告编制内容和审查重点
2023 年 4 月	《碳达峰碳中和标准体系建设指南》	旨在加快构建结构合理、层次分明、适应经济社会高质量发展的碳达峰碳中和标准体系
2023 年 8 月	《绿色低碳先进技术示范工程实施方案》	提出到 2025 年一批示范项目落地实施，到 2030 年绿色低碳技术和产业国际竞争优势进一步加强等目标
2023 年 10 月	《市场监管总局关于统筹运用质量认证服务碳达峰碳中和工作的实施意见》	到 2025 年，基本建成直接和间接涉碳类相结合、国家统一推行与机构自主开展相结合的碳达峰碳中和认证制度体系
2023 年 10 月	《国家碳达峰试点建设方案》	旨在探索不同资源禀赋和发展基础的城市和园区碳达峰路径，为全国提供经验做法
2023 年 11 月	《甲烷排放控制行动方案》	旨在强化大气污染防治与甲烷排放控制协同，科学、合理、有序控制甲烷排放
2023 年 11 月	《2024 年度氢氟碳化物配额总量设定与分配方案》	旨在加强 HFCs 等非二氧化碳温室气体管控

1.2.2 我国碳排放的现状与特征

总体来看，我国的碳排放总量仍然是世界最大的，但是我国的碳排放增长速度已经开始降低。《中国低碳经济发展报告蓝皮书（2022—2023）》显示，2022年，全国万元GDP能耗比上年下降0.1%、万元GDP的二氧化碳排放下降0.8%，节能降耗减排稳步推进。2012年以来，中国以年均3%的能源消费增速支撑了年均6.6%的经济增长，单位GDP能耗下降26.4%，成为全球能耗强度降低最快的国家之一。我国的碳排放在行业上存在重大差异，目前碳排放的主要来源在于发电与供热、制造与建筑、交通运输等方面。此外，我国的碳排放在物理空间上存在分布不均的问题。

1. 碳排放总量居世界首位

中国碳核算数据库（China Emission Accounts and Datasets，CEADs）有效数据显示，2022年，我国碳排放量累计110亿t，约占全球碳排放量的28.87%，位列全球之首。根据世界银行的统计数据测算，我国单位GDP的能耗约99 J/美元，是世界平均水平的1.47倍，单位GDP碳排放0.69 kg，是世界平均水平的1.77倍，碳排放强度显著高于世界平均水平。

2. 碳排放增速不断下降

随着供给侧结构性改革与经济高质量发展战略的逐步实施，我国的碳排放增速逐渐得到控制。2022年，我国单位GDP的二氧化碳排放比2021年下降0.8%，生态环境部发布的《中国应对气候变化的政策与行动2022年度报告》显示，2021年，单位GDP的二氧化碳排放比2020年降低3.8%，比2003年累计下降50.8%，基本扭转了温室气体排放快速增长的局面。"十四五"期间，随着绿色发展理念的贯彻和"双碳"总体规划的实施，我国碳排放量增速有望持续放缓。

3. 高耗能行业是我国的主要碳源

发电与供热、制造与建筑、交通运输行业是我国三大主要碳源。根据IEA的统计，发电与供热、制造与建筑、交通运输三大领域占据了我国89%的二氧化碳排放量，其中发电与供热占51%、制造与建筑占28%、交通运输占10%。从细分行业看，电力、黑色金属冶炼及压延加工、非金属矿产、运输仓储与化工是我国碳排放的前五大行业。具体来看，电力行业占碳排放的44.4%，位居第一；黑色金属冶炼及压延加工行业占18.0%，位居第二；非金属矿产和运输仓储行业分别占12.5%与7.8%，分居三四位；化工行业占2.6%，位列第五，这五大行业合计碳排放约占总排放的 85.3%。

4. 碳排放区域和省份分布不均衡

从各地的碳排放增长速度来看，1997—2021 年间我国各区域的碳排放总量均快速增长，其中复合年均增长率最高的区域为西北地区（8.1%），其次是华北地区（7.4%），最低的区域为东北地区（3.4%）。分省（自治区、直辖市，特别行政区）来看，1997—2021 年间，中国各省（自治区、直辖市，特别行政区）的碳排放总量也都快速增长，其中复合年均增长率最高的为宁夏（10.71%），其次为内蒙古（9.9%）；复合年均增长率最低的为云南（2.02%），由于资源开采速度及经济活动增速相对不足，其碳排放量增速相对较慢。

从各区域的碳排放总量比较来看，华北、华东、西北为最大的碳排放量来源地，2021 年碳排放量合计占比超过 60%。

5. 三次产业之间的碳排放占比差异较大

2000—2020 年间三次产业均呈现稳步增长的特征，三次产业的碳排放量分别由 2000 年的 0.46 亿 t、30.23 亿 t、5.23 亿 t 增长到 2020 年的 1.28 亿 t、88.91 亿 t、15.02 亿 t，复合年均增长率分别为 5.3%、5.5% 及 5.4%。在三次产业中，由于第一产业及第三产业排放能力不高，因此第二产业长期占据排放主流，2000—2020 年间第二产业碳排放量占碳排放总量的比重长期维持在 85% 左右，第一产业和第三产业则分别仅占 1% 和 14% 左右。随着我国逐渐进入后工业化时代，第三产业在国民经济中的占比将进一步上升，而第二产业在国民经济中的占比必将进一步降低。这在某种程度上也为我国实现"双碳"目标提供了现实基础。

1.2.3 我国碳排放的五大来源

在过去的几十年，我国经济与社会的发展呈现出令人瞩目的活力与动力，我国的碳排放量（亿吨二氧化碳当量）呈整体上升趋势。碳达峰、碳中和中的"碳"并不是特指二氧化碳这一种气体，而是指以二氧化碳为代表的各种温室气体。联合国政府间气候变化专门委员会根据测算制定了不同种类的温室气体所对应的二氧化碳量，提出了二氧化碳当量一词，并由此来测定大气中的碳含量。

在 2013 年之前，我国碳排放量年平均增长率都维持在大约 8% 的水平。在 2013 年之后，随着经济增长放缓以及我国整体节能减排举措的推进，碳排放量逐步进入平台期。我国碳排放量主要来自能源、工业、交通、建筑、农业和土地利用五大部门。其中，"排放大户"能源和工业部门合计贡献了 80% 的碳排放量。所幸的是，2013 年以后，这两个部门的碳排放量逐步进入平台期，甚至出现了负增长。另外三大部门的碳排放量占相对较小的比例，无大幅增长。

1. 能源部门的碳排放

能源部门的碳排放量高达全国碳排放总量的一半。我国是世界上无可争议的"煤炭消费大国"，不仅享有丰富的煤炭资源，生产了近乎全球一半的煤炭，而且煤炭进口量也是全球第一。煤炭发电经济便捷，但是在使用过程中低效能、高排放的特点也使其成为能源部门碳减排的"众矢之的"。

与此同时，其他化石燃料（如石油和天然气），甚至一些再生能源的开发和使用，也会产生碳排放。虽然与煤炭发电相比，天然气发电产生的二氧化碳量大幅缩减，但是在燃烧和排气过程中，会伴随大量的甲烷排出。甲烷也是温室气体的一种，排放后 100 年内的增温作用至少为二氧化碳的 28 倍。再如，可以当作燃料和工业原料的生物质（指尚有生命或刚刚死去的有机物）有着取之不尽且兼顾废物利用的优势，但是燃烧过程中也会产生大量甲烷，同样造成碳排放。

因此，能源部门的减排，除了需要在能源结构上减少使用高排放的燃料，在源头上减排，也需要创新碳捕集等先进能源技术，将剩余的碳排放进行清洁处理。

2. 工业部门的碳排放

工业部门的碳排放量约占全国碳排放总量的 1/3，主要来自两部分：在生产制造过程中，工厂燃烧自有化石燃料来提供化学反应所需要的高温和能量，因此一部分碳排放来自化石燃料燃烧；另一部分来自化学反应发生时本身释放的温室气体。水泥生产就是非常典型的一个案例。水泥是混凝土中不可或缺的材料。水泥生产对全球二氧化碳排放量的贡献就高达 5%。其中，40% 来自燃烧燃料以达到化学反应所需的高温，另外 60% 来自生产工艺本身——从石灰岩到石灰的煅烧过程中会释放大量二氧化碳。

中国的制造业不仅是本国经济发展的基石，还是世界各地现代工业产品的主要供给源。对这些产品巨大的需求，以及部分工业生产过程中低效的能耗，导致工业部门的碳排放量居高不下。

3. 交通部门的碳排放

交通部门的碳排放量来自国内航空、公路、铁路运输等化石燃料燃烧，约占全国碳排放总量的 7%。在过去 20 年间，随着我国经济高速发展和城镇化进程的演变，交通部门的碳排放量也翻了一番。公安部交通管理局数据显示，2023 全国机动车保有量达到 4.35 亿辆，驾驶员达 4.86 亿人。庞大的汽车市场仍在持续增长，这势必给交通部门实现节能减排目标带来挑战。

除了抑制汽车普及造成的碳排放，交通部门的其他领域（长途公路运输、船运、航运等）也需要积极寻求碳中和的解决方案，例如探索氢能和生物质等燃料的应用。

4. 建筑部门的碳排放

建筑部门的碳排放量约占全国碳排放总量的 5%，主要来自商用建筑和住宅的燃料燃烧，例如燃烧柴火或者煤炭取暖、煮饭。另外，有一些建筑设备在使用过程中也会产生碳排放，例如，空调制冷时泄漏的氢氟碳化物将比二氧化碳制造出更大的温室效应。

有别于上述建筑直接排放，建筑使用过程中产生的能耗（例如家用电器耗电、灶台耗天然气或煤气），由于是间接排放，所以严格意义上讲，在本节的相关数据中，间接排放计入能源部门。

5. 农业和土地利用部门的碳排放

农业和土地利用部门的碳排放量约占全国碳排放总量的 5%，主要来自农业、畜牧业、垃圾处理以及土地利用、森林的碳排放或移除。

化肥的发明和使用能够大幅度提高作物产量，提高农产品质量，但是化肥对环境破坏的威力也不容小觑。以化肥中最常见的氮肥为例，其在制造和施用的过程中都会产生大量的温室气体——一氧化二氮。与二氧化碳相比，一氧化二氮影响气候变暖的能力高出 300 倍。

畜牧业产生的温室效应也不容忽视，猪、牛、羊的饲养过程中会产生大量碳排放。此外，动物饲料生产需要消耗化肥、燃料，大规模养殖需要能源供给照明、温控、自动投喂，这些都间接增加了碳排放量。

还有一部分土地利用的排放来自树木的减少。树木本身对二氧化碳有吸收作用，大量砍伐树木不仅减少了自然碳吸收的途径，而且使得土壤释放二氧化碳的量有所增加，从而加重了温室效应。

1.3　我国"双碳"目标的提出

1.3.1　"双碳"目标的时代背景

为应对全球气候变化，展示中国作为大国的责任和担当，推动全人类可持续发展，我国近年来采取了一系列相应措施。

2021 年，"双碳"目标作为我国中长期发展战略先后被写入《2021 年国务院政府工作报告》和《中华人民共和国国民经济和社会发展第十四个五年规划和 2035 年远景目标纲要》，这彰显出我国应对气候变化的决心和雄心。

"双碳"目标的提出不是偶然的，是我国综合考虑了多方因素之后制定的拯救地球环境，构建人类命运共同体的目标方案。

1. 国际背景

第二次世界大战之后，工业化造成了世界范围内的大工业浪潮，人类社会对化石能源的使用超过了以往任何时代，造成温室气体在这几十年中大量产生。与此同时，全球的碳排放总量也在飞速增长，全球变暖问题逐渐显露出来。2021 年 4 月，世界气象组织发布的《2020 年全球气候状况》指出，2020 年是有记录以来的 3 个最热年份之一，全球平均温度已经比工业化之前高出约 1.2 ℃，温室气体浓度仍在逐渐上升，给世界经济、农业生产等带来严重的危害。尤其是全球气候变暖导致的冰川融化、海平面上升等问题，直接威胁到低海拔地区的安全，各国沿海地区也受到影响，所以减少碳排放，控制全球气候变暖成为新世纪各国需要解决的基本问题之一。气候变暖问题对全球人类社会构成重大威胁，已经成为人类发展的最大挑战之一，极大促进了全球应对气候变化的政治共识和重大行动。联合国政府间气候变化专门委员会 2018 年 10 月发布的报告认为，为了避免极端危害，世界必须将全球变暖幅度控制在 1.5 ℃以内。只有全球都在 21 世纪中叶实现温室气体净零排放，才有可能实现这一目标。

随着世界经济发展、新旧动能加速转换，能源清洁低碳化发展已成为全球各国的共识，这对我国制定"双碳"目标有极大的影响。根据联合国气候变化框架公约（United Nations Framework Convention on Climate Change，UNFCCC）秘书处 2019 年 9 月发布的报告，目前，全球已有 60 个国家承诺到 2050 年甚至更早实现零碳排放。2020 年，欧盟带头宣布绝对减排目标：2030 年，欧盟的温室气体排放量将比 1990 年至少减少 55%，到 2050 年，欧洲将成为世界第一个"碳中和"的大陆。日本、英国、加拿大、韩国等部分国家实现碳中和目标的政治承诺如表 1-8 所示。

表 1-8 部分国家实现碳中和目标的政治承诺

国家	碳中和承诺时间	承诺内容
日本	2050 年	实现碳中和
英国	2045 年	实现净零排放，2050 年实现碳中和
加拿大	2050 年	实现碳中和
韩国	2050 年	韩国政府计划在 2030 年前将温室气体排放量减少 43%，然后通过附加条件购买一些国内或国际碳信用。韩国希望在 21 世纪中叶之前实现碳中和

这样一来，全球重要的经济体，占全球 GDP 的 75%、占全球碳排放量 65% 的国家将开始实现碳中和。

最后，碳排放权交易的国际背景也促进了我国"双碳"目标的制定。在《巴黎协定》提出之后，以欧美国家为首的一部分国家提出了碳排放权交易的措施，试图通过资金获得更多的碳排放额，或者通过出售本国多余的碳排放额来获取利益。毫无疑问，如果碳排放权在国际社会成为主流被认可，发展中国家的利益会受到极大侵犯。这是因为在碳排放权分配的时候，发达国家获得了比发展中国家更多的配额，同时又可以通过资本从其他贫穷国家购买碳排放权。这就会使得发展中国家将自身的经济发展寄托在发达国家上，从而使得发展中国家更加难以发展，而发达国家则利用买来的碳排放权，进行更进一步的经济发展。如此看来，碳排放权就成为各国参与再生产的资本，而一旦赋予碳排放权资本的属性，那么碳排放问题将永远得不到解决，全球变暖的问题会不断恶化。在这样的背景下，我国提出了"双碳"目标，避免在碳排放上受制于人。如果我国接受了碳排放权配额和交易，那么未来我国发展势必受到极大限制。

2. 国内背景

目前，我国正处于工业化、现代化的关键时期，工业结构偏重、能源结构偏煤、能源利用效率偏低，使我国传统污染物排放和二氧化碳排放都处于高位，严重影响绿色低碳发展和生态文明建设，进而影响提升人民福祉的现代化建设。改革开放以来，我国经济加速发展，成为世界第二大经济体，全球影响力不断扩大。我国作为世界人口最多的国家之一，也是世界最大的碳排放国，应对气候变化成为我国基本实现社会主义现代化的最大挑战，但同时解决国内碳排放问题也成为我国基本实现绿色工业化、城镇化、农业农村现代化的最大机遇。

2022 年，我国碳排放量占世界碳排放总量的 28.87%，对全球碳达峰与碳中和具有至关重要的影响。随着我国经济迅速发展和生产活动快速扩张，二氧化碳排放量也呈上升的趋势。人类生产活动产生的二氧化碳约 95% 来源于化石能源（煤炭、石油、天然气等）的消耗，根据中电传媒能源情报研究中心 2016—2020 年发布的《中国能源大数据报告》，近年来我国一次能源消费中煤炭和石油占比约为 80%，二者是我国碳排放的主要来源。根据 IEA 的数据，我国二氧化碳总排放量从 2005 年的 54.07 亿 t 增长到 2019 年的 98.09 亿 t，增长将近一倍。虽然我国二氧化碳排放的总量较高，但也在控制碳排放、实现绿色发展方面取得了积极进展。一方面，二氧化碳排放增速明显放缓。2005—2010 年二氧化碳排放年均增速约为 8%，2011—2015 年下降至 3%，2016—2019 年进一步下降至约 1.9%。另一方面，单位 GDP 的二氧化碳排放强度逐步下降。根据 IEA 公布的数据进行测算，我国单位 GDP 的二氧化碳排放从 2005 年的 2.9 t / 万元逐步下降到 2019 年的 1 t / 万元，降幅约 66%。这些进展在很大程度上受益于能源结构的不断调整。近年来，我国一次能源消费结构呈现出明显的低碳化、清洁化趋势。2005—2019 年，煤炭消费量比重从 72.4% 下降至 57.7%，共下降 14.7 个百分点；天然气消费量则从 2.4% 提高到 8.1%；清洁能源（一次电力及其他能源）消费量从 7.4% 提高到 15.3%，合计占比提高 13.6%。

"双碳"目标是人民的心之所向，且我国具有实行"双碳"目标的能力和基础。进入新时代后，我国人民的需求也随之改变，已经从以往对"物质文化"的渴望转变为对"美好生活"的向往，而人民所向往的美好生活中就包含着对优美生态环境的需要。众所周知,碳能源的使用会排放出大量温室气体,从而造成世界上大多数的环境问题。因此,实行"绿色""低碳"的发展方式能够对环境问题起到改善作用,从而真正使人民对优美生态环境的需要得到满足。改革开放以来,我国经济水平以及各个方面的能力都得到大幅提升,综合国力已经位居世界前列。我国是 2020 年全球唯一实现经济正增长的主要经济体,由此体现出我国经济的强大韧性。与此同时,我国制定了《中华人民共和国可再生能源法》《国务院关于促进光伏产业健康发展的若干意见》《国家能源局关于可再生能源发展"十三五"规划实施的指导意见》等一系列法律政策,在政策层面为推动非化石能源的发展做了准备。因此,我国这些年的发展、探索、努力都为实现碳中和打下了坚实的基础,使我国具备完成"双碳"目标的能力。

"十三五"期间,我国在控制温室气体排放、推进重点领域节能减排、发展可再生能源及加快生态治理和国土绿化等方面取得积极成效。但是,经济发展不均衡不充分、高排放行业结构性失衡、制造业规模化和高质量发展不协调等问题依然突出。国家需要持续推进低碳化能源消费、产业结构调整、提升制造业生态效率等工作来减少碳排放量。努力实现碳排放减少的目标是我国经济实现结构性变革、高质量发展的重要前提和保证,也是我国今后近半个世纪长期坚持的战略任务,因此我国急需一项策略来解决碳排放问题。

1.3.2 "双碳"目标的深层内涵

我国的"双碳"目标包括两个内容,即"碳达峰"和"碳中和"。"双碳"目标的概念是在 2020 年首次被正式提出,但是在此之前,党和国家已经多次在各项会议中对我国二氧化碳等温室气体的排放问题进行了深入的探究,并且试图找到针对我国碳排放现状的最佳控制方案。经过党和国家不断研究和完善,"双碳"目标最终被提出,成为我国未来长期发展的一个战略目标。具体而言,"双碳"目标的内涵包括以下两个方面。

1. 碳达峰的内涵

"碳达峰"是习近平主席在第 75 届联合国大会一般性辩论上所说的"碳的排放量达到峰值",即在"碳达峰"这个节点之后,我国所产生的碳排放应当只减不增,进而最终实现"碳中和"。碳达峰是二氧化碳排放量由增转降的历史拐点，标志着我国的碳排放与经济发展实现脱钩。

碳达峰目标的深层内涵需要从多个角度考量。首先是碳达峰中二氧化碳排放总量峰值的内涵。根据科学预测和分析，我国的二氧化碳排放峰值尚未到来，所以在未来一段时间内，我国的二氧化碳排放量还会不断增加，但是由于我国在同步采取措施控制二氧化碳的排放，尽可能控制和减少碳排放，所以到了某一个时间节点，我国的碳排放量就会达到峰值，峰值过后就会开始回落，然后进入碳排放逐渐减少，形成良性发展状态的过程。碳达峰峰值出现的原理是，一方面我国在不断排放二氧化碳，但是另一方面，我国也在不断积极地植树造林，采取环境保护措施控制二氧化碳排放，减少经济发展中的碳排放，在这个一增一减的过程中，最终会达到碳排放增量与减少量相等的情况，这就是碳排放的峰值。在峰值之后，碳排放会出现回落，即单纯的排放量并不一定会减少，但是由于植物的吸收和人工减排措施，我国实际进入到大气中造成环境污染和温室效应的碳排放量会逐渐减少。

其次是碳达峰的经济意义。从经济上看，碳达峰意味着碳排放和经济发展的逐步脱钩。我国的碳排放总量中有很大一部分来自经济活动，如果仅仅为了实现减排的目的而降低经济增速甚至放弃经济发展，那么只会给其他国家进一步增加碳排放提供机会，所以最优的解决方法就是实现经济生产和碳排放活动脱钩，即通过创新技术，减少经济发展对碳排放的依赖性。在实现经济发展和碳排放活动高度脱钩之后，既能够更加高效地控制碳排放总额，也能够避免减排造成的经济发展减速或者停滞，一举多得，而碳达峰目标的实现就是经济发展和碳排放活动脱钩的转折点。因为要实现碳达峰之后的回落，必然意味着技术水平和生产力能够支持对二氧化碳的排放控制，也就意味着经济发展已经不再需要高度依赖碳排放，所以碳达峰也具有重要的经济属性。

最后，碳达峰目标的实现时间和峰值数据。根据党和国家近年来制定的一系列战略方针和政策，碳达峰目标的实现仍旧需要相当长的时间，其中最重要的就是"十四五"这五年时间，通过在"十四五"期间发展高新技术，发展绿色经济，为碳达峰目标的实现提供最核心的支撑。碳达峰的峰值数据，则要根据近几年我国的碳排放总量和世界碳排放总量，以及《巴黎协定》做出的相关预测来科学合理地设计安排。因为即便是实现碳达峰目标，在短期内，我国的碳排放数量也不可能完全降为 0，所以必须留有足够的碳排放空间。《巴黎协定》中预测未来全球的碳排放总额要控制在 3800 亿 t 以内，分配到我国的数额就更少，再加上未来的碳排放情况，所以更需要提前实现碳达峰，以更低峰值实现碳达峰目标。实现碳达峰的时间越短，峰值越低，碳达峰带来的作用就越突出，我国的碳排放控制效果也就越显著。

2. 碳中和的内涵

碳中和是指国家、企业、产品、活动或个人在一定时间内通过植树造林、节能减排等形式，以抵消自身产生的二氧化碳或温室气体排放量，即实现正负抵消，达到相对"零排放"的碳循环过程。碳中和是解决全球变暖问题的根本途径，也是实现碳排放控制的本质方法。温室效应的出现是地球本身对于二氧化碳的自净能力达到极限，导致温室气体堆积，如果一直不能实现碳中和，那么二氧化碳仍旧会不断堆积下去，最终达到碳排放阈值，形成不可逆转的环境问题。而碳中和就是解决这个问题的根本途径。在碳中和状态下，虽然还是会排放二氧化碳，但是排放出来的二氧化碳都会被植物等吸收净化掉，也就意味最终排放到大气中的二氧化碳实际为 0，或者说排放的二氧化碳能够通过地球自净的方式处理掉，不会堆积起来，造成温室效应。通俗来讲，就是通过手段将排放量与吸收量等同，也就是使"一个国家的温室气体排放与大自然所吸收的温室气体相平衡"。

碳中和目标的首要内涵是人类生产活动中产生的二氧化碳排放问题。首先，碳中和并不意味着完全不排放二氧化碳，而是在碳达峰目标完成的基础上，让产生的碳排放总量有所回落，但是仍旧存在着大量的碳排放额。我国是人口大国，即便是人类基本的呼吸行为都会排放出大量的二氧化碳，所以完全不排放二氧化碳是不可能实现的。二氧化碳可以被树木等吸收净化，如果存在大量的植物，吸收二氧化碳的速度和数量能够达到碳排放甚至超过碳排放的水平，那么从整体的环境而言，碳排放就相当于达到了零排放，大气中的二氧化碳含量不会再因为碳排放问题而增加，更有机会因为植物吸收净化能力的提升而逐渐被净化。因此，碳中和可以实现对温室效应问题的完全解决。

其次，碳中和依赖于大量的植物和高度发达的生产技术水平。为了实现碳中和目标，我国采取了许多方法，其中最关键的就是植树造林和绿色生产技术升级。在自然界,自然排放的二氧化碳几乎都被植物所吸收,所以植树造林,创造大面积的绿色植物环境,就能够很大程度吸收掉排放出来的二氧化碳。而绿色生产技术升级则是一项实现碳中和更为重要的举措,可以从根本上减少人类生产活动中二氧化碳等气体的排放。尽管我国众多的人口呼吸都会产生大量的二氧化碳,但是我国二氧化碳排放的主要来源并不是人类的呼吸,而是由汽车排放尾气、工厂生产排放废气等行为产生的。这就意味着,要减少我国的二氧化碳排放,核心还是要落在生产上,只有通过提高绿色生产技术水平,才能够真正减少二氧化碳的排放,配合植树造林等增强吸收净化能力的行为,最终实现碳中和的目标。

最后,碳中和目标并不是一成不变的,也就是说碳中和目标的实现是长期行为,不可能短期实现碳中和目标之后就放弃技术升级和植树造林,反而需要更进一步发展。因为我国的人口数量仍旧在不断增加,而生产所排放的二氧化碳也会不断增加,但是植物的净化能力无法短时间提升,生产技术也无法短期内实现更新换代,所以只有不断坚持碳中和目标导向,不断地植树造林和进行绿色生产技术升级,才能够保障碳中和目标的长期实现,才能够从根本上解决我国的碳排放问题。

1.3.3　"双碳"目标的重大意义

1."双碳"目标能够提升我国综合国力及在世界上的影响力

在"双碳"目标下,我国不仅要考虑如何减少传统粗放型发展方式,更重要的是如何推进"绿色"发展方式。正如科技部部长阴和俊在 2021 年召开的"碳中和科技创新路径选择"会议上所说,碳达峰碳中和将带来一场由科技革命引起的经济社会环境的重大变革,其意义不亚于三次工业革命。简言之,碳达峰碳中和是一场极其广泛深刻的绿色工业革命。目前,我国已经开始发展新型能源来替代传统化石能源,碳排放量大的相关企业也都依据此目标进行了升级改造。所以,该目标的提出能够倒逼我国能源转型、产业升级,加快国家经济由高速增长向高质量发展转变,并在完成该目标的过程中寻找到一条具有中国特色的绿色发展之路。同时,"双碳"目标的完成不仅只影响气候、能源等方面,而且将影响社会发展的方方面面,例如改善国家生态环境、提高人民幸福感等。

客观地讲,发达国家在第四次工业革命中先行一步,我国则是后来者居上,要继续完成第一次、第二次、第三次工业革命的主要任务,即到 2035 年基本实现新型工业化、信息化、城镇化、农业农村现代化,建成现代化经济体系;与此同时,要率先创新绿色工业化、绿色现代化。如果能够抢占绿色发展的先机,那么将会缩小与发达国家的差距甚至在相关领域实现赶超,在绿色发展等方面占据主导权。因此,该目标的提出虽是一种挑战,但更是我国在新时代发展中的机遇,能够提升综合国力及在世界上的影响力,对国家整体而言有着重要作用。

2. "双碳"目标能够推动产业技术升级和经济转型

技术研发与技术突破是实现净零排放的关键。只有充分融合各种新型技术,打造以低碳为核心的新型竞争力,才能实现长期的可持续高质量发展。这种科技发展的趋势,必然带动一二三产业和基础设施的绿色升级。为了提高我国在全球多技术领域内的竞争力与领导地位,我国相关行业,特别是在电力系统、工业行业原燃料替代、交通电气化等领域,必须主动发力,开展从基础研究到技术应用多层次的探索,解决关键技术"卡脖子"的问题,建立更有主导能力的技术标准,不仅能确保我国在世界各行业的发展中抢占先机,而且能从更深层级激发高质量发展的潜力。与此同时,"双碳"目标在推动行业发展的同时为社会提供了新职业、新岗位、新的就业机会。2020—2050 年,将有 70万亿元左右的基础设施投资因此被撬动,伴随各类新型业务在可持续发展方面为经济和工业发展创造新的机会,这意味着大量的从业人员和即将就业的人将由传统的高碳行业转向低碳行业谋求发展,仅在零碳电力、可再生能源、氢能等新兴领域,将创造超过 3 000 万个就业机会。这种与产业升级匹配的就业机会变迁将对劳动力的素质与技能提出更高的要求,有利于促进高质量的就业。

构建绿色低碳循环发展体系需要生产体系、流动体系、消费体系的协同转型。碳中和推动的能源技术革命将向交通、工业、建筑以及其他行业传导,推动全产业全面低碳化与现代化。碳中和将促进生产方式、消费方式和商业模式与碳排放活动脱钩,促进低碳可持续产业的发展和进步,有效降低资源消耗强度,减少垃圾污染物,减少各类温室气体排放。依托循环经济实现经济效益、社会效益、生态效益的平衡,构建实现经济发展与环境和谐有机融合的经济发展模式。

3."双碳"目标助力全球碳排放管理和生态环保发展

由于我国发展与欧美国家的发展并不处在同一阶段。因此,我国与欧美国家的产业结构、能源消费结构不同。目前,我国的制造业占比较高,对化石能源的需求仍然较多,碳排放也比欧美国家要高。如果我国完成碳达峰进而实现碳中和,那么世界上碳排放量将有明显下降。我国作为一个积极维护多边主义的国家,将会帮助、支援其他一些发展中国家共同应对该问题。依靠"双碳"目标的实现,能够让发展中国家摆脱发达国家的碳排放制约,实现自身独立发展。

概括来讲,"双碳"目标的提出为我国生态文明建设、新型绿色发展指明了前进的道路与方向,更是国家实现"人与自然和谐发展"的前提和基础。并且,该目标的提出向世界展现了中国智慧、中国方案与中国担当,彰显出负责任的大国形象。

1.4 我国"双碳"目标带来的挑战和机遇

实现碳达峰碳中和,一方面,意味着我国以煤炭为主的能源结构需要发生重大转变,这将会对我国工业化和城市化进程带来减排压力和进度压力,同时我国也会面临破解技术和资金难题,任务重、时间紧、压力大的问题;另一方面,"双碳"目标将加快我国经济高质量发展步伐,重塑我国核心竞争力,并带来新的市场和新的利润。"双碳"目标对于我国来说既是挑战也是机遇,是加速我国向绿色发展转型,实现经济高质量发展的重大转折点。

1.4.1 我国"双碳"目标带来的挑战

1. 地方现有产业结构转型困难大

我国正处于新型工业化、信息化、城镇化、农业农村现代化深入发展的阶段,因此,目前我国的能源消费结构仍然是以煤炭、石油等碳基燃料为主。虽然近年来我国加大了清洁能源的发展力度,但短期内能源消费结构难以发生根本性改变。因而实现"双碳"目标还必须要对能源消费结构进行大规模的调整, 这对传统高耗能产业的现代化改造提出了更高的要求。以煤炭为主要消费的行业和地区面临产业替换的冲击, 钢铁、化工、水泥等行业正面临巨大挑战。

此外, 实现产业低碳转型和降低碳排放, 需要依靠科技创新和资金投入。目前, 我国在新能源、节能环保等领域的技术创新能力相对不足, 难以满足产业低碳转型和降低碳排放的需求。同时, 产业低碳转型需要大量资金投入, 包括新能源设备购置、节能技术研发等。资金投入不足也是导致地方产业结构转型困难的原因之一。

2. 绿色节能核心技术研发推广压力大

从历史发展规律来看, 科技革命是全球碳中和行动的内在本质; 从实现路径来看, 科技创新是实现"双碳"目标的必然选择。由此可见, 实现"双碳"目标需要一大批新的技术, 包括低碳技术、零碳技术甚至负碳技术, 核心技术的缺乏是我国必须面对的重要挑战。尽管我国在风电、太阳能光伏等领域已具备一定市场和竞争优势, 但轴承、变流器等核心零部件的生产技术难关还未攻克。此外, 在高性能电池材料、电池标准及生产、氢动力和生物燃料、绿色船舶领域等前瞻性技术方面也远远落后于发达国家。同时, 在相关领域的人才储备目前也存在不足的现状。

据测算, 为实现碳中和目标, 我国未来 30 年能源系统需要新增投资约 100 万亿～ 138 万亿元。我国发展绿色节能核心技术面临巨大资金缺口挑战。政府预算只能满足很小部分需求, 虽然绿色金融和碳排放交易可以弥补资金缺口, 但目前绿色金融存在试点范围小、融资成本偏高等问题。

3. 对地方经济、金融行业造成巨大冲击

在一些资源产业大省, 能源经济是地方经济的重要组成部分, 减少能源消费会给地方经济带来不利影响。对一些沿海经济发达地区来讲, 能源消费结构当中煤炭发电的比例仍然比较高, 大规模削减煤炭消费可能影响这些地区的经济发展。

高耗能领域的投资巨大, "双碳"目标下, 这些行业领域的投资前景堪忧, 随之而来的是对相关金融行业造成的巨大冲击。高耗能产业投资可能出现资产投资搁浅、资产投资泡沫, 出现贷款、债券违约等金融风险。

4."双碳"目标的实现任务重

相较于世界其他发达国家而言，我国实现"双碳"目标的工作十分艰巨。一方面，我国目前的人均国内生产总值在 2019 年刚超过 1 万美元大关，现在正处于能源消耗的关键转折点。从发达国家走过的历程来看，在人均 GDP 达到 1 万美元之前，人均能耗的增长非常强劲；从 1 万美元到 4 万美元，人均能耗还会缓慢增长；达到 4 万美元之后，人均能耗将处于逐渐下降阶段。当然，这也可能同发达国家将高能耗、高污染产业转移到发展中国家有关。另一方面，尽管从 1900 年算起的人均累计碳排放量我国只有 157 t/人，美国是 1 218 t/人，全球平均水平是 209 t/人，但是，严控全球地表温度条件下，剩余的全球碳排放额度非常有限。而我国人均碳排放量增长空间巨大，如 2023 年我国的千人汽车拥有量已经增加到 238 辆，美国是 837 辆以上，相比美国而言，我国的化石能源使用潜力和碳排放压力非常大。"双碳"目标需要约束这些潜力空间，并进一步压缩现有能耗水平，直至实现碳排放与碳吸收相等，任务非常艰巨。

5.我国能源结构现状导致的高碳锁定效应

作为工业革命以来人类发展的基石，化石燃料为我们的进步提供了重要的物质基础。然而，面对未来，我们面临着逐步摆脱对化石燃料的依赖，迈向低碳社会的重大挑战。尤其对于我国来说，以煤炭为主的能源结构形成了高碳锁定效应，这成为实现碳达峰目标的主要障碍。

同时，偏重的产业结构与偏煤的能源结构加大了构建绿色能源系统的难度。一方面，偏重的产业结构导致制造业具有能源密集型特点，能源消耗大，碳排放多，绿色发展对制造业形成了高压态势。我国重化工业能源消耗高，有 4 个高耗能行业——建材、有色（有色金属）、化工和钢铁，这 4 个行业的能源消费量占能耗总量的 30% 左右。由于我国实现现代化还需要有重化工业的支撑，这也加大了制造业绿色转型的难度。另一方面，偏煤的能源结构加大了"双碳"目标下制造业绿色转型的难度。2012—2021 年，我国煤炭消费占一次能源消费比重由 68.5% 下降到 56%，能源结构正在不断向清洁化调整。但是，煤炭仍是我国的主要消费能源，碳排放压力依然很大。能源结构偏重会增加制造业重构的难度。2021 年，我国煤炭消费量超 40 亿 t，煤炭消费带来的碳排放量占化石能源消费碳排放总量的 70% 以上。加快调整煤炭利用方式和能源消费结构是制造业技术重构的重点和难点。

6. 对工业化、城市化进程“高增长，低排放”的要求

工业化和城市化持续推进将带来较大减排压力。当前我国工业部门能耗占全国总能耗的 65%，且单位能耗与国际先进水平相比仍有差距。碳捕集和利用技术的发展对钢铁、水泥等难脱碳行业非常重要，但成本昂贵。截至 2019 年 12 月，中国城镇化率为 60.6%，低于发达国家 80% 以上的水平，未来城镇化的加速必然带来大量基础设施建设需求和碳排放压力。

“双碳”目标要求低排放甚至碳排放被完全吸纳，而能源是经济进一步稳定增长的动力原料，要发展就需要消耗能源，难免有碳排放，看似矛盾的目标，给了我国工业化和城市化进程双重压力。因此，我国工业化、城市化进程亟待适应“低排放高增长”模式。GDP 增长需要能源消耗和碳排放，如果单位 GDP 产生的碳排放不变，那么 GDP 越高，碳排放总量就越大。因此，传统地，有两种发展路径：“高碳排放高增长”和“低碳排放低增长”。率先完成工业化的发达国家，一般采取的是“高碳排放高增长”模式，并且多数通过调整能源结构和产业结构实现“碳达峰”；而我国还处于工业化后期，制造业面临着保持稳定增长和减碳固碳的双重压力。

1.4.2　我国“双碳”目标带来的机遇

1. 创造新的经济增长点，实现高质量发展

产业结构转型是市场经济发展的重要内容，也是实现高质量发展的必然要求。在“双碳”目标之下，适应绿色循环发展的企业将得到更多的市场资源和机遇。另外，我国和发达国家将能够同时站在同一起跑线上进行竞争，有利于提高我国经济的总体竞争力，通过“双碳”目标，提升产业实力和产业水平，实现高质量发展。

建立新的产业模式和产业发展结构有助于摆脱传统的经济增长模式，在绿色低碳的方向上实现经济增长。2020 年，我国可再生能源领域的就业人数超过 400 万，占全球该领域就业总人数的近 40%。“双碳”目标下，在低碳产业、零碳产业、负碳产业等领域有巨大的成长空间。随着汽车产业的发展，我国成为

世界上最重要的汽车消费市场之一，新能源汽车产业已经成为未来投资的重要市场和新经济增长点。此外，包括光伏发电、太阳能发电以及风能和水电领域都是未来实现"双碳"目标的重要经济增长点。在能源生产领域，到2030年，风电、太阳能发电总装机容量将达12亿kW以上、抽水蓄能电站装机容量将达1.2亿kW左右。

2. 带动绿色节能技术发展及相关就业

"双碳"目标的实现必须依靠全新的绿色节能技术，新技术又能推动新行业的发展，因此新技术的产生和应用将推动新行业的发展，同时也会带来大量的就业机会。

随着新技术的不断涌现，将会有大量的就业机会产生。一方面，新技术的应用需要大量的人才来进行研发、生产和维护，这将为高校毕业生提供广泛的就业机会；另一方面，新技术的推广和应用需要大量的市场营销、售后服务等方面的人才，这也将为毕业生提供就业机会。"双碳"政策的实施，不仅需要新技术的支持，也需要社会资金的投入。随着政府对"双碳"政策的支持和推动，将会有更多的社会资金投入到相关领域，这将进一步促进新技术的发展和应用。同时，新技术的不断涌现也将为投资者提供更多的投资机会和选择。

"双碳"政策的实施还将提高国家总体的技术水平和竞争力。新技术的应用将推动我国产业结构的升级和转型，使我国在全球绿色低碳经济领域中占据更有优势的地位。同时，新技术的推广和应用也将提高我国在全球环保治理领域的发言权和影响力。

总之，"双碳"政策的实施将带动绿色节能技术的发展及相关就业机会的增长。这将为高校毕业生提供更多的就业选择和发展机会，同时也将促进我国产业结构的升级和转型，提高国家总体的技术水平和竞争力。

3. 带来新的投资机遇，催生新的金融业态

碳中和不仅是一场环保的革命，更是一场经济社会的革命。它将对金融业产生深远的影响，并催生出新的金融业态。提升可再生能源比例，最大限度利用核能、氢能等清洁能源，推动工业领域节能减排等，这些都是中国产业转型的方向。在这一进程中，风电、氢能等产业及相关装备制造、大数据平台等将迎来重大发展。要发挥好国有企业特别是中央企业引领作用，鼓励企业根据自

身情况制定碳达峰实施方案, 带头压减落后产能、推广低碳零碳负碳技术。

随着"双碳"目标逐渐成为全球的共识, 金融业开展绿色低碳业务的前景将更加广阔。2020年10月, 我国政府出台了《关于促进应对气候变化投融资的指导意见》, 明确提出了要扩大绿色金融区域试点工作。这一政策为金融业提供了新的发展机遇, 也意味着金融业在推动绿色低碳发展方面将发挥更加重要的作用。绿色信贷、绿色债券、ESG投资基金等都是受政策扶持和市场青睐的金融产品。这些产品的推出, 不仅满足了社会对环保、可持续发展的需求, 也为投资者提供了新的投资机会。同时, 这些金融产品也将促进更多的资金流向环保产业、新能源产业等领域, 推动这些产业的发展和壮大。碳金融将为企业提供更多的融资渠道, 同时也为投资者提供了更多的投资选择。

4. 实现我国产业链与能源链自主可控

我国地域辽阔, 资源丰富, 在我国提出"双碳"目标之前就具备实现产业链与能源链自主可控的自然资源条件。首先, 我国尽管煤炭资源相当丰富, 但油气资源不足, 大量进口油气资源又面临地缘政治上的风险, 而煤炭作为一种十分宝贵的资源, 当作燃料用于发电、供热, 确实是"大材小用", 况且煤炭燃烧时所排放的硫化物、硝化物和粉尘对大气环境有明显破坏作用。我国如果能够大规模利用可再生能源而逐渐摆脱对煤炭的依赖, 将在资源节约和环境保护两方面收获实实在在的好处。其次, 我国的风能、太阳能资源相当丰富, 实践证明, 太阳能电池板安装以后, 对干旱区的生态恢复大有帮助。也就是说, 在干旱区建太阳能发电站, 将在清洁能源和生态恢复两方面获得效益。另外, 我国在非碳能源领域的技术(包括太阳能发电技术、核能技术、储能技术、特高压输电技术等)相对先进, 具备实现产业链与能源链自主可控的技术条件。

"双碳"目标为制造业产业链自主可控提供了前所未有的机遇。我国是能源进口大国, 石油和天然气高度依赖进口, 这导致我国能源对外依存度高、地缘政治风险高、能源价格波动风险高, 严重制约着我国产业链与供应链的能源自主可控能力。因此, 调整能源结构、实现"双碳"目标, 有利于倒逼制造业能源革命, 促进产业绿色发展, 增强我国产业链与能源链等方面的自主可控能力。"双碳"目标有利于对制造业进行产业基础再造。能源技术是制造业进行产业基础再造的重要支撑，也是制造业高质量发展的动力基础。"双碳"目标对能源系统的技术创新和工艺改造提出了更高要求。从太阳能、风能、核能到生物能源，这些都需要新材料、新技术方面的突破，提高对太阳能、风能及生物能源的捕获、储存和输出能力，每个环节都离不开制造业技术、工艺和材料等方面的突破。因此，能源变革可以通过能源环节的技术倒逼推进制造业在新能源等方面的技术突破，促进制造业技术系统性绿色化转型，构建绿色产业基础，提升在新能源领域的制造业自主可控能力。

5. 我国工业化尚未完成就进行绿色化改造的后发优势

"双碳"背景下，我国制造业具有后发优势。由于发达国家在传统能源模式下推进工业化，能源结构和技术路径已经成型，工业发展沉没成本已经产生，因此容易锁定在既定模式中。而我国工业化尚未完成，此时进行绿色化改造具备后发优势。目前，我国在新能源方面基本与世界其他国家站在同一起跑线上，绿色化改造不仅可以打破传统工业的能源锁定和技术锁定，更可能开创出自主可控的新发展优势。"双碳"目标下，我国制造业转型具有技术革命和能源革命双重推动力。科技革命和能源革命的叠加可以有效缩短我国工业化时间，有利于融合生成新产业、新模式，原本的能源劣势可能转化为能源优势。例如，我国传统化石能源储量较少，对国际能源依赖度高，但是，我国在风电、光电和核电等清洁能源方面具备反超优势。

"双碳"背景下，我国制造业具有广阔的市场优势。"双碳"技术的创新固然重要，市场应用更是技术快速迭代的试验场。我国正处于工业化后期，开展绿色化改造具备后发优势，相关市场非常广阔，这给制造业绿色转型提供了良好的舞台。一方面，我国的超大规模市场可以容纳多种制造业绿色化转型探索路径，提高绿色转型的成功率；另一方面，我国广阔的市场可以使绿色制造在规模化生产的同时，实现多元化发展和充分竞争，加速技术迭代。

6. 加强绿色低碳资源应用推广，提升综合国力

目前，太阳能光伏已在绝大多数国家实现了平价上网，未来在可再生能源发电中将占据主导地位，降低成本关键在于优化升级系统组件、新材料开发及漂浮式光伏和建筑光伏一体化。对于陆上和海上风电，仍存在大幅降低成本的空间，未来叶片直径扩大、单机容量增大、模块化设计将成为技术主流，

海上风电将向更深海域扩展，以漂浮式风电技术为代表，发展潜力巨大。此外，分布式风光发电成为降低非技术成本的重要举措，邻里交易（peer-to-peer transaction）成为可能，行业的商业模式将发生变化。

氢能是实现全球能源结构向清洁化、低碳化转型的重要一环。它不仅是钢铁生产彻底摆脱化石能源的唯一可能替代路线，还可实现合成氨、甲醇等传统化工生产的绿色替代，在一定程度上消纳弃风、弃光、弃水现象，还能为货运、船运、航空等长途运输行业提供燃料。氢能产业链条长、技术密集，上游包括电解槽、储氢瓶、输氢管道、加氢站，下游包括燃料电池汽车、船舶、飞机及钢铁化工等工业合成炉、燃烧炉等设备，相关需求都将随着氢能的推广应用而形成可观的增长。

近年来，我国凭借低成本和规模化创新优势，建立起具有较强竞争力的风电、光伏产业链，已是全球可再生能源领域最大投资国、最大多晶硅生产国、最大锂电池材料和锂电池生产基地，也是全球最大的电动汽车市场。抓住新一轮低碳科技革命历史机遇，在资源再生利用、提升能效、电气化、清洁发电技术等领域取得突破性进展，将极大提升国家核心竞争力。

1.5 "双碳"目标下高耗能行业绿色发展的紧迫要求和瓶颈

伴随着中国城镇化进程的快速推进、经济的快速发展和消费水平的不断提高，高耗能行业成为影响碳减排目标实现的重要阻力。在"双碳"目标下，如何科学规划高耗能行业转型路径，推动高耗能行业走上更清洁、更节能、更低碳排放的发展模式具有重要的现实意义。

1.5.1 高耗能行业绿色发展的紧迫要求

高耗能行业也被称为能源消耗密集型产业，指的是生产过程中耗能较多，单位产出能耗较高的产业。国家统计局以行业总体耗能及单位增加值能耗为标准，把石油煤炭及其他燃料加工业、化学原料及化学制品制造业、非金属矿物制品业、黑色金属冶炼及压延加工业、有色金属冶炼及压延加工业、电力热力生产和供应业六大行业列为高耗能行业。

1. 高耗能行业多年来保持规模优势

高耗能行业是我国国民经济的重要组成部分，其产品性质和工艺特点决定了行业的高耗能属性。在我国长期经济建设和城镇化过程中，高耗能行业对稳定市场供给、促进经济增长发挥了重要支撑作用，是国民经济健康稳定运行的压舱石。当前，我国正处于新旧动能转换期，一些高耗能行业产品是国家战略性新兴产业的重要原材料，对国家原材料供应链安全稳定起保驾护航的作用。在一些能源富集地区、工业大省及老工业基地，高耗能行业是地方的支柱产业，对拉动地方经济增长和稳定就业起着不可替代的作用。根据国家统计局的数据，多年来我国高耗能行业的主要产品产量一直居全球首位，例如 2021 年粗钢产量达到 10.35 亿 t，水泥产量达到 23.78 亿 t，平板玻璃产量达到 10.19 亿重量箱。

2. 高耗能行业是工业领域能源消费和碳排放主体

根据国家统计局发布的数据，2020 年全社会能源消费总量为 49.83 亿 t 标准煤，工业能源消费总量为 33.26 亿 t 标准煤，占全社会能源消费总量的 66.7%。六大高耗能行业能源消费量总和为 25.18 亿 t 标准煤，占全社会能源消费总量的 50.5%，占工业能源消费总量的 75.7%。由于 2020 年受到了疫情的影响，为避免数据失真，再看 2019 年的数据。2019 年全社会能源消费总量为 48.75 亿 t 标准煤，工业能源消费总量为 32.25 亿 t 标准煤，占全社会能源消费总量的 66.2%。六大高耗能行业能源消费量总和为 24.08 亿 t 标准煤，占全社会能源消费总量的 49.4%，占工业能源消费总量的 74.7%。对比 2019 年和 2020 年数据，可以看出总体趋势基本相同，工业能耗占我国能源消费总量的 66% 左右，而高耗能行业能耗占我国能源消费总量的 50% 左右，占工业能源消费总量的 75% 左右。

二氧化碳排放和能源消费总量挂钩，呈较强的正相关关系。高耗能行业既是污染物排放大户，也是二氧化碳排放的主要来源。根据生态环境部《关于加强高耗能、高排放建设项目生态环境源头防控的指导意见》的编制说明，炼油、钢铁、水泥、有色金属冶炼、煤化工和火电行业贡献的二氧化硫、氮氧化物和颗粒物三种污染物排放量分别占全国工业行业污染物排放量的 86.5%、44.5%、22.7%，这六个行业二氧化碳排放量占全国排放总量的一半以上。以上结果表明六大高耗能行业是我国能源消费和碳排放的主体，实现"双碳"目标需把重点放在高耗能行业上。

1.5.2　高耗能行业绿色发展的瓶颈

1. 产能过剩与高端产品供给不足同时并存

产能过剩是高耗能行业长期存在的主要问题，也是当前高耗能行业实现绿色转型面临的难题之一。近十多年来，我国出台了一系列政策文件解决产能过剩的问题，如《国务院关于加快推进产能过剩行业结构调整的通知》《国家发展改革委关于防止高耗能行业重新盲目扩张的通知》《国务院关于化解产能严重过剩矛盾的指导意见》等。在长期化解过剩产能的过程中，高耗能行业的落后产能已经基本出清，但过剩产能仍然存在。根据国家统计局的数据，2019—2022年前三季度，化学原料和化学制品制造业产能利用率在 74.5%～78.1% 波动，非金属矿物制品业产能利用率在 66.9%～70.3% 波动，黑色金属冶炼和压延加工业产能利用率在 77.1%～80.0% 波动，有色金属冶炼和压延加工业产能利用率在 78.5%～79.8% 波动。通常产能利用率小于 1 实际表现为投资带动的生产潜能未完全被利用，或被利用条件下生产的产品未完全被市场消耗掉。从表 1-9 所示的数据可以看出，不同行业的产能过剩情况表现有差别，非金属矿物制品业产能过剩更为严重。在高耗能行业产能过剩的同时，大部分高耗能行业以生产初级产品为主，高精尖产品（例如特种钢等）还需要依赖进口。

表 1-9　2019—2022 年前三季度部分高耗能行业的产能利用率

行业	时间	产能利用率 /%
化学原料和化学制品制造业	2019 年	75.2
	2020 年	74.5
	2021 年	78.1
	2022 年前三季度	77.0
非金属矿物制品业	2019 年	70.3
	2020 年	68.0
	2021 年	69.9
	2022 年前三季度	66.9
黑色金属冶炼和压延加工业	2019 年	80.0
	2020 年	78.8
	2021 年	79.2
	2022 年前三季度	77.1

续表

行业	时间	产能利用率 /%
有色金属冶炼和压延加工业	2019 年	79.8
	2020 年	78.5
	2021 年	79.5
	2022 年前三季度	79.2

资料来源：国家统计局。

2. 节能空间和潜力不断缩小

高耗能行业的节能减排主要是通过技术节能、管理节能和结构节能 3 个途径实现。"十一五""十二五""十三五"期间，我国规模以上工业单位增加值能耗分别下降 26%、28% 和 16%，2021 年进一步下降 5.6%，其中技术节能作出了重大贡献。截至目前，成本低、见效快的节能技术和工程已被广泛推广和普遍应用实施，剩下的技术投资大、应用少，从技术和管理层面节能挖潜的难度进一步加大。结构节能是一项长期的工作，难度很大，见效慢，在没有颠覆性的技术创新出现之前，未来工业节能潜力将不断收窄。

3. 行业整体能效水平偏低

2015 年，工业和信息化部、国家发展改革委、质检总局三部门制定了《高耗能行业能效"领跑者"制度实施细则》，选择乙烯、合成氨、水泥、平板玻璃、电解铝等行业先行先试，并在后来逐步扩展范围，形成了覆盖钢铁、石化和化工、建材、有色金属、轻工等高耗能行业的能效"领跑者"制度。伴随能效"领跑者"制度的实施，高耗能行业能效水平比之前有明显提高。但是 2022 年国家发展改革委等四部委发布了《高耗能行业重点领域节能降碳改造升级实施指南（2022 年版）》，显示了高耗能行业能效水平现状仍不容乐观。如表 1-10 所示，截至 2020 年年底，17 个高耗能行业重点领域低于能效基准水平的产能比例在 0% ～ 55%，其中大于或等于 30% 的行业涉及 8 个，高耗能行业能效水平偏低的现状有待改进。以钢铁和水泥行业为例，钢铁行业中的高炉工序能效优于标杆水平的产能约占 4%，能效低于基准水平的产能约占 30%；转炉工序能效优于标杆水平的产能约占 6%，能效低于基准水平的产能约占 30%。水泥行业能效优于标杆水平的产能约占 5%，能效低于基准水平的产能约占 24%。

表 1-10 高耗能行业重点领域能效水平现状

序号	高耗能行业重点领域		能效水平现状（截至 2020 年年底）	
			低于基准水平产能比例 /%	优于标杆水平产能比例 /%
1	钢铁	高炉工序	30	4
		转炉工序	30	6
2	水泥		24	5
3	焦化		40	2
4	煤化工	煤制甲醇	25	15
		煤制烯烃	0	48
		煤制乙二醇	40	20
5	平板玻璃		8	5
6	有色金属	铜冶炼	10	40
		电解铝	20	10
		铅冶炼	10	40
		锌冶炼	15	30
7	建筑、卫生陶瓷		5	5
8	炼油		20	25
9	乙烯		30	20
10	对二甲苯		18	23
11	合成氨		19	7
12	电石		25	3
13	烧碱		25	15
14	纯碱		10	36
15	磷铵		55	20
16	黄磷		30	25
17	铁合金		30	4

资料来源：根据《高耗能行业重点领域节能降碳改造升级实施指南（2022 年版）》17 个附件整理。

1.6 支撑"双碳"目标的绿色低碳技术体系

1.6.1 化石能源清洁高效利用技术

在"双碳"目标下，我国化石能源利用面临新的挑战。现阶段，我国使用最多的是煤炭、石油、天然气、可再生能源与核能。我国的碳排放主要来源于化石能源的利用。《中华人民共和国气候变化第二次两年更新报告》显示，能源活动是我国温室气体的主要排放源，约占全部二氧化碳排放的 86.8%。在能源生产和消费活动中，化石能源又占据极其重要的地位。尽管化石能源占比已经大幅度下降，但到 2020 年仍然占 56.8%。

我国能源资源禀赋和不相适应的能源结构、错综复杂的国际环境、快速高质量发展的经济社会及应对气候变化需求等因素均要求必须坚定不移推进能源革命；在"双碳"目标要求下，二氧化碳减排任务更加明确，化石能源仍作为主体能源，需要总量控制、有序替代；实现化石能源高效、清洁、低碳利用，是推动能源革命和转型，构建清洁低碳、安全高效能源体系的重中之重。

目前，我国为开发更清洁、更高效的化石能源技术进行了广泛的研究，对于钢铁、水泥、化工等二氧化碳排放大户，实现工艺流程再造是碳减排的关键及核心技术。对于将基于化石能源的碳分子转化为新的化学品和材料，实现高价值、高效率、清洁的化石能源转换技术，我国也进行了核心技术的研发和部署，如科技部在国家重点研发计划框架内，在煤炭清洁高效利用和新型节能技术、可再生能源与氢能技术、储能与智能电网技术等方面部署了一系列研究。

目前，我国化石能源利用技术包括燃煤发电技术（如清洁燃煤发电技术、高效燃煤发电技术），工业过程燃烧技术（以燃煤工业锅炉、工业窑炉为主），煤炭转化技术（煤制清洁燃料和大宗及特殊化学品两大类技术与产品），石油、天然气利用技术等。在"双碳"目标下，化石能源高效清洁利用思路聚焦于推动煤炭高效燃烧和转化、石油天然气高效利用及煤化工"三废"处理技术研究和应用，强化化石资源的燃料与原料属性的耦合，如燃煤热电联产技术、燃煤耦合生物质发电技术等。

1.6.2　可再生能源技术

可再生能源作为绿色低碳能源，是实现经济社会发展绿色转型及能源结构绿色化的重要载体。可再生能源正逐渐取代传统能源，成为追求可持续发展的关键，日益受到许多国家的重视。继"双碳"目标宣布以来，我国积极应对全球气候变化，加速推进"双碳"目标行动，系统部署可再生能源技术的研发与商业推广，不断完善可再生能源发展的政策体系，加大产业体系布局，加快产业技术创新。

目前，可再生能源技术发展迅速，相关可再生能源包括太阳能、风能、水能、生物质能等，相关技术包括太阳能技术、风能技术、水能技术、生物质能技术等。

（1）太阳能技术是指利用太阳能电池板将太阳辐射转换为电能的技术，具有低噪声、无污染等优点。太阳能技术的发展受制于光照强度、天气等因素，但其可再生性和绿色环保的特点使其具有广阔的应用前景。

（2）风能技术是指利用风能转换为电能的技术，具有资源丰富、无污染、发电成本低等优点，但发电效率受制于风速和天气等因素。

（3）水能技术是指利用水流或水位差等能量转换为电能的技术，具有资源丰富、发电成本低、稳定可靠等优点，但其需要具备水源和水力资源，同时可能会影响生态环境。

（4）生物质能技术是指利用生物质能源（如植物、废物、农业废弃物等）进行热能、电能转换的技术，具有可再生性、环保性、资源丰富等优点，但其生产过程中可能会产生二氧化碳等气体排放。

除了上述几种主要的可再生能源技术，还有一些其他的新型技术也在不断涌现。例如，潮汐能技术利用海洋潮汐能进行发电，光热发电技术利用太阳光热发电，地热能技术则利用地壳内部的热能发电。这些新型技术具有巨大的潜力和发展空间，有望成为可再生能源技术的重要补充。

总的来说，可再生能源技术是未来能源发展的重要方向，将成为替代化石燃料的主要选择之一。通过技术创新、政策支持和市场推动，可再生能源技术的发展速度不断加快，未来将有更多的可再生能源技术应用于实际生产生活中，为人类创造更多的经济效益和社会价值。同时，可再生能源技术的发展也会对环境保护和气候变化产生积极影响。

1.6.3 碳捕集、利用与封存技术

我国是目前全球主要的二氧化碳排放国之一。随着经济发展和工业化进程的加速，我国的二氧化碳排放量逐年增长。根据 IEA 的数据，我国的二氧化碳排放量在过去几十年中显著增加。2019 年，我国的二氧化碳排放量为 10.17 亿 t，约占全球碳排放总量的 28%。为了减少单位经济产出的碳排放强度，我国政府

采取了一系列措施并取得了一定成效。从 2005 年至 2019 年,我国单位 GDP 的二氧化碳排放强度下降了 48.4%。这主要得益于能源结构调整、能效提升、节能减排政策的实施以及推动清洁能源的发展和利用,其中,碳捕集、利用与封存技术的发展是重要一环。

碳捕集、利用与封存是一种用于减少温室气体排放的关键技术。该技术通过捕集和分离工业过程中产生的二氧化碳,并将其永久地封存或利用,以减少对大气的释放。

（1）捕集（capture）:是将工业过程中产生的二氧化碳从烟气中进行捕集。常用的捕集技术包括化学吸收、物理吸附、膜分离、气体液化等。捕集后的二氧化碳可以进一步处理,以提高纯度和稳定性。

（2）利用（utilization）:捕集到的二氧化碳可以被利用于其他工业过程中,以减少对化石燃料的需求和碳排放。常见的利用方式包括碳酸化合物的制造、合成燃料的生产、地下采矿活动的增强等。利用二氧化碳可以实现资源的循环利用,减少对自然资源的开采和消耗。

（3）封存（storage）:将捕集的二氧化碳永久地封存在地下储层中,以防止其进入大气并减少对气候变化的影响。常用的封存方法包括地质封存和海洋封存。地质封存是将二氧化碳输送至地下岩石或盖层中,例如油气田、煤矿空洞等;海洋封存是将二氧化碳注入海洋深处,通过溶解或反应为水中的盐类来封存。

1.6.4　低碳与零碳工业流程再造技术

低碳与零碳工业流程再造技术是为了减少碳排放和降低环境影响而开发的一系列技术和方法,是以原料燃料替代、短流程制造和低碳技术集成耦合优化为核心,引领高碳工业流程的零碳和低碳再造的技术。它涉及能源、制造、建筑和交通各个领域,在钢铁、有色金属、水泥等行业应用广泛。

钢铁行业是能源消耗和碳排放较高的行业之一,因此在钢铁生产过程中采用低碳技术可以大幅度降低碳排放,并提高工业生产效率。钢铁行业常用的低碳技术包括能源效率提升、碳捕集和封存、原材料替代、电弧炉冶炼、氢气还原、低温焙烧等技术。

有色金属行业的低碳技术主要包括提高能源利用效率、利用可再生能源、原材料替代、循环经济、水力冶金、活性电解、高温氧化还原和电解铝制造等技术。这些技术的应用可以有效地降低有色金属行业的碳排放,实现可持续发展。

水泥行业的原燃料替代技术主要包括废物利用、生物质能源、工业副产品利用、城市垃圾焚烧发电、余热回收利用等技术,水泥行业也在探索和开发新的替代燃料技术,如氢能源、太阳能、热能等,以进一步减少碳排放。

目前,低碳与零碳工业流程再造技术正在不断发展。许多国家和组织制定了减排目标,并投资研发和推广低碳技术。同时,一些企业也在积极探索和应用低碳技术,以提高竞争力和满足消费者对环保产品的需求。总体而言,低碳与零碳工业流程再造技术的发展现状是积极的,但仍面临一些挑战,包括技术成本、市场推广和政策支持等方面。随着技术进步和全球对气候变化的关注不断增加,低碳与零碳工业流程再造技术有望在未来得到更广泛的应用和推广。

1.6.5 储能技术

储能技术是指将能量储存在一个系统中,以便在需要时进行释放和利用的技术,具体分类如图 1-1 所示。储能技术在电力系统、交通运输、工业生产和住宅等领域具有广泛的应用,在提高能源利用效率、平衡能源供需、应对能源波动等方面发挥着重要作用。目前,储能技术已成为新型电力系统中不可或缺的一环,是新能源消纳以及电网安全的必要保障,在发电侧、电网侧、用电侧都会得到广泛的应用。在市场需求爆发以及政策鼓励的双重推动下,成熟的抽水蓄能、热储能呈现爆发性增长,其他新型储能技术也进入了发展快车道。

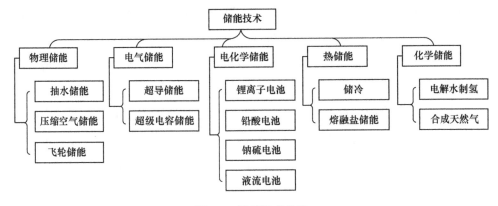

图 1-1 储能技术分类

1. 抽水储能

抽水储能（pumped storage hydropower，PSH）是一种利用水的重力势能进行能量储存和释放的技术。抽水储能系统的组成如图 1-2 所示。它通常应用于电力系统中，用于平衡电网负荷、调节电力供应和需求之间的差异。抽水储能电站的运行模式是电能和水的势能间的相互转换。

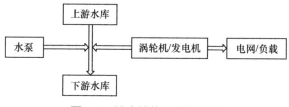

图 1-2　抽水储能系统的组成

抽水储能系统由上游水库和下游水库两个水库组成，它们之间通过高压水管或隧道连接，储能容量主要取决于上下游水库的高度差及水库容量。

当电力需求较低时，超出负荷的电力将水从下游水库抽升到上游水库进行储存，等待电力需求增加时，在涡轮机的作用下，储存在上游水库中的水会流回下游水库，在此过程中水的动能将转换为电能，从而供电网使用以满足高负荷需求。

抽水储能在能源调峰、备用电源、能源的储存与调度等领域的应用十分广泛，然而抽水储能在不同场景中的适用性和经济性可能有所差异，需要综合考虑地理条件、电力市场环境、成本效益等因素来评估其应用潜力和可行性。

总的来说，抽水储能具有显著优势，如高效能转换，大部分输入电能可以通过涡轮机和发电机转换为输出电能，能量利用率高。水可以在相对较小的体积内储存大量能量，因此抽水储能系统可以具备数百兆瓦至数千兆瓦的储能容量，能够满足大规模能源储存的需求。另外，抽水储能系统可以在几分钟内从停机状态转变为全功率输出，对电力系统调度和频率响应具有较高的灵活性，可以快速响应电力需求波动，平衡电网负荷，并提供稳定的电力供应。然而，抽水储能也存在一些劣势，主要表现在需要具备适当的地理条件，包括两个高低水位相差较大的水库、水泵和涡轮机等设施，这需要大量土地和水资源，会对生态环境和土地利用造成一定影响，同时也使抽水储能的适用性受限。

2.热储能

热储能的原理是将电能转换为热能储存,在需要时再将热能转换为电能。热储能系统主要涉及热储存介质与储热系统。其中,热储存介质通常是能够高效储存热能的物质,如熔盐、水蒸气、石墨等,这些介质具有较高的比热容和热导率,能够在储存过程中有效地吸收和释放热能;储热系统包括热能储存设施和热能转换设备,热能储存设施通常包括热储存罐、热储存块等,用于容纳储存介质,热能转换设备通常采用的方式包括电阻加热、太阳能集热、余热利用等。

热储能的工作原理如下。

(1)储能过程:在电力供应过剩或价格低时,将电能或其他形式的能量转换为热储存介质的热能并储存起来。

(2)释放储能过程:当需要额外电力时,储存的热能通过热能转换设备转换为热水蒸气或其他形式的热能,并驱动发电机产生电力。

相较于其他能源储存技术,热储能系统的优势在于可以实现较高的能量密度,即单位体积或质量内可以储存较多的能量。这使得热储能系统可以在相对较小的空间内储存大量的能量,提供持续且可靠的电力输出。另外,热储能技术可以与太阳能、风能、余热等多种能源形式结合使用,使得热储能系统可以适应不同的能源供应情况,并提供稳定的电力输出。重要的是,热储存介质(如熔盐)的热损失率较低,因此相比于其他能源存储技术,热储能技术可以实现长期储存能力。

1.6.6 节能技术

节能技术是通过改进能源利用效率,减少能源消耗以达到节约能源的目的。自工业革命以来,随着全球经济及人口的增长,以二氧化碳为主的大量温室气体的排放量迅速增长,2021年全球二氧化碳排放量已增长为约34亿t。在我国碳排放量行业排名中,电力与热力生产、工业制造业、交通运输业、建筑业等的能源消耗占比较大,因此,通过节能减排技术来有效改善碳排放情况势在必行。

1.建筑节能技术

对于建筑行业碳排放问题,主要从降低建筑建造能耗方面及降低建筑的运行能耗方面考虑。其中，建筑建造的能耗主要来自建筑材料的开采、建材生产、运输到现场施工所产生的能源消耗。尽量避免大拆大建，采用当地的建筑材料、充分利用绿色建材可以降低建筑建造能耗。另外，降低城镇供暖用能可以从提高建筑自身的设计出发，尽量避开冬季主导风向；在满足建筑各个朝向的照度条件下，尽量减少建筑各个朝向的窗地比，增加外墙的保温性能，降低外墙的传热系数。

（1）建筑保温隔热技术

建筑围护结构的绝热性对现代建筑能耗的影响较大。建筑保温隔热技术是指通过采用各种手段和材料，减少建筑物与室外环境之间的热量交换，提高建筑的保温性能，从而减少能源消耗。建筑保温隔热技术包括建筑保温技术和建筑隔热技术。

常见的建筑保温技术有外墙外保温、内墙内保温等，是指在建筑外墙表面和内部墙壁上加装保温层，来达到保温隔热的效果。外墙外保温可以有效减少冷热桥效应，并具有施工简单、保温效果好的特点；内墙内保温适用于已经完成的建筑改造和新建建筑的内部保温，然而施工较为复杂，会减少室内使用面积。此外，还有屋顶保温，即在建筑屋顶层面进行保温处理。屋顶保温常用的保温材料有挤塑板、聚苯板、聚氨酯泡沫板等，施工时需要考虑屋顶保温层的防水和排水设计，高空施工作业安全风险大等实际情况。

常见的建筑隔热技术包括密封隔热、空腔隔热等。密封隔热通过加强建筑结构的密封性能，减少室内外空气的交换，从而降低热量传输。常见的密封隔热措施包括门窗密封、管道密封、墙体缝隙填充等，但是可能影响室内通风和空气质量，需要合理设计通风系统。在建筑结构中设置空腔，通过填充隔热材料，如岩棉、玻璃棉等，也能达到减少热量传输的目的，但在施工过程中需要考虑结构设计和施工难度，成本较高。

此外，地板保温、使用高性能窗户、变相材料利用等方法也可以达到建筑保温隔热目的。不同的建筑保温隔热技术各有优劣势，选择合适的技术需要综合考虑建筑结构特点、气候条件、预算限制以及施工可行性，并进行合理的技术组合和方案设计。

（2）热回收技术

热回收技术是一种利用废热能量并将其转换为可再利用热能的技术。它基于能量守恒的原理,通过从废热源中提取热能并将其传递到其他系统或过程中,实现能源的高效回收利用。

热回收技术的原理主要包括热传导、热对流和热辐射。在一个热回收系统中,废热能量通常以热媒(如水、空气或蒸汽)的形式通过换热器进行传递。换热器中的传热介质与废热源接触并吸收废热能量,然后将其传递给需要热能的系统。

热回收技术在建筑中被广泛应用,主要通过回收废热或废水中的热能,用于供热、供暖等用途,以减少能源消耗并提高能源利用效率。常见的热回收技术包括空气能热泵、排风热回收、地源热泵、废水热回收等。例如,排风热回收是一项通过换热器等设备将热能回收并转移到新鲜空气中的技术,其原理是通过换热器将排出的热风与新进的新鲜空气进行换热,使得新鲜空气在加热的同时能够减少能源消耗,提高供暖效率。排风热回收系统包括排气通道、换热器、风道等主要组成部分。

2. 交通节能技术

目前,交通节能已成为全球范围内的重要议题。各国政府纷纷推出鼓励节能交通的政策和法规,例如,限制尾气排放标准、提供购车补贴和减税优惠等措施,以及建立充电桩和氢气加气站等基础设施来支持新能源汽车的发展。另外,公共轨道交通的节能减排工作也十分重要。公共轨道交通大运量的特点使得其总耗电量相当大,仍有节能潜力。而城市中的共享出行服务(如共享单车)的兴起,使人们在短途出行时更倾向于选择非机动车或公共交通工具,减少了个人汽车的使用。常见的交通节能技术包括:利用智能交通管理系统实现交通流的高效运行,减少堵车和怠速情况,降低能源消耗;利用燃料效率提升技术,如发动机技术改进、燃油喷射系统优化、涡轮增压技术应用等,提高车辆燃料利用率;改进车辆空气动力学,通过改进车辆外形设计减小风阻,减少车辆在高速行驶时的能源损失。

(1)线路优化与运营组织

线路节能设计主要考虑尽可能优化曲线半径,以减少车辆行驶过程中因曲线阻力大而增加的电耗。另外,优化线路节能坡,设置合理的进出站坡度,使列车进站时上坡,将动能转换为势能;列车出站时下坡,再将势能转换为动能,这样有利于减少牵引能耗。此外，还有线路纵坡设计，综合考虑泵站位置等设备布置，以达到优化、合理、经济、节约能源的目的。

（2）供电系统节能技术

牵引供电系统是指用于电气化铁路的供电系统，它提供了列车牵引所需的电能。合理设置中压供电网络接线形式，既可减少系统电缆的长度，也可以减少开关设备数量，降低设备损耗和线路损耗，达到节能的效果。另外，对动力照明系统进行节能设计，选择高效、节能的光源、灯具，并选用先进节能的电气设备，电扶梯及大型风机、水泵等采用变频控制，都可节约设备用电。从运营管理上，当车站高峰过后，关闭部分公共照明设备，变频电梯低速运行，也可节约设备用电。

为推动未来交通运输行业绿色低碳发展，鼓励引导交通运输企业应用先进适用的节能低碳新技术，交通运输部组织编制了《交通运输行业重点节能低碳技术推广目录（2021 年度）》，其中包括公路隧道照明节能关键技术、公路服务区热泵应用技术、高速公路建设项目全周期全要素数字化管理技术等。总的来说，未来交通节能技术将继续向着智能化、绿色化和可持续化的方向发展。这将有助于减少能源消耗和环境污染，提高交通运输效率和质量，为人们创造更加可持续和宜居的出行环境。

第 2 章

化石能源清洁高效利用

能源是人类生存和发展的保障，是人类文明进步的基础和动力，关乎国计民生、工业生产和国家安全。我国严重依赖化石能源，化石能源长期在能源系统中占主体地位。根据《中国能源发展报告 2023》，2022 年我国全年能源消费总量为 54.1 亿 t 标准煤。其中，煤炭、石油和天然气消费量分别占能源消费总量的 56.2%、17.9% 和 8.4%，在我国能源结构中发挥着主导作用。为实现化石能源尤其是煤炭的清洁、高效、低碳利用，燃煤热电联产、燃煤耦合生物质发电、煤炭分质转化利用、超超临界燃煤发电等煤炭清洁高效利用技术的开发越来越受到人们的重视。

2.1 燃煤热电联产

热电联产（combined heat and power generation，CHP），又称汽电共生，利用热机或发电站同时产生电力和热量，具有能源利用率高、大气污染少、供热质量高、能源供应可靠等优点。1926 年，欧洲工程师 Oscar Faber 成功安装了第一个 CHP 系统，将废热用于供暖系统，解决了柴油发动机发电厂的废热利用问题。燃煤热电联产机组将高品位热用于发电，低品位热用于供热，能实现能源的高效转换和清洁高效利用。另外，燃煤热电联产机组具有容量越大，效率越高，可实现超低排放的特点，是最具竞争力的供热方式之一，也是集中供热的主热源。目前，热电联产作为节约能源和改善环境的有效措施，在世界范围内得到了大力推广。

2.1.1 微型热电联产

微型热电联产指以天然气、煤炭等燃料为热源，通过内燃机或燃气轮机等发电设备发电，同时利用废热进行供热等的能源综合利用技术。通过热能和电能的双重利用，提高了燃料的利用效率。如表 2-1 所示，与其他燃气热源系统相比，微型热电联产系统具有小型化、系统简单、效率高、灵活性强、碳排放低、运行费用低、运行安全等特点。按照发电方式的不同，微型热电联产系统分为内燃机型、斯特林发动机型、燃料电池型以及燃气轮机型。从应用模式看，微型热电联产装置适合在小型建筑或限定空间内使用。微型热电联产既可以单台或多台运行，也可以与其他热源设备联合运行，满足不同规模和用途的能源供应。此外，微型热电联产技术能够减少传统分散式能源供应的能源损失和环境污染，减少碳排放和其他污染物排放。

表 2-1　燃气热源设备性能比较

性能指标	性能指标值		
	燃气锅炉	燃气热泵	微型热电联产系统
初投资	少	少	中
运行费用	高	中	低
除霜	不需要	需要	不需要
系统	较复杂	复杂	简单
技术成熟度	成熟	一般	成熟
停电配合度	水泵停运，无法供热	水泵停运，无法供热	可以孤网运行，可以供热
供热稳定性	稳定	稳定	稳定
维保	需要运维人员	简单	简单

2.1.2　热电联产区域供热

热电联产区域供热是为满足某一特定区域内建筑群落的集中供热需求，以热电联产为生产方式，由专门的能源中心集中制造热水，通过区域管网进行供给和分配的系统。集中供热具有热负荷多、热源规模大、热效率高、节约燃料和劳动力、占地面积少等优点。目前，我国逐步形成了以热电联产为主，集中锅炉房为辅，其他先进高效方式为补充的供热局面。

相比普通电厂，热电联产区域能源系统对余热进行回收，并通过管网系统输配至各建筑物进行供热或制冷，综合能源利用率可达 80% 以上。在碳排放方面，同等产电和产热情况下，热电联产区域能源系统二氧化碳排放总量显著低于传统的供电供热系统。由于能源效率的提高和规模经济效益，热电联产区域能源系统进一步大幅降低了大气污染物的排放，显著提高了空气质量。

在能源安全方面，热电联产区域能源系统采用本地能源生产方式，能够提高本地能源供应控制能力，降低对电网的依赖程度，并可实现单一建筑无法进行的能源调度。新的能源技术和多种燃料、能源种类可以安全地应用，进一步增强了热电联产区域能源系统的自主性和供应的安全可靠性。

在经济性方面，不同的供热方式由于系统本身的构成情况和设备的使用特性差异而具有不同的经济特性。以区域供热系统的一般使用寿命 25 年为限，对于新建区域供热系统、安装分散式燃气锅炉、安装蓄热式电加热系统 3 种供热方式，新建区域供热系统的初始投资较大，但随着系统使用时间的增长，新建区域供热系统较其他两种供热方式具有更好的经济效益。

2.1.3 三重热电联产

三重热电联产通过整合发电机组、制冷装置和热能回收系统，将燃料的能源转换为三种能源，同时产生电力、制冷和供热，提高了能源利用效率和多能联供能力。三重热电联产技术可以灵活适应大型建筑和商业中心、工业厂区或公共设施等不同场景和能源要求。此外，三重热电联产装置采用先进的控制系统和自动化技术，可以实现智能控制和自动调节，具有较高的可靠性和稳定性。

2.2 燃煤耦合生物质发电

燃煤耦合生物质发电是指在传统的燃煤锅炉中将煤和生物质混合，获得蒸汽，并利用蒸汽驱动汽轮机带动发电机发电，一般可分为直燃耦合发电、并联耦合发电和气化耦合发电。

2.2.1 直燃耦合发电

直燃耦合发电，即现有燃煤锅炉在燃烧侧通过燃烧生物质与煤粉的混合燃料产生蒸汽进行发电，如图 2-1 所示。由于生物质燃料与煤在物理、化学性质方面存在较大的差异，直接混燃时生物质须进行一定的预处理，将其处理为可与煤粉直接燃烧的状态。根据生物质预处理方式的不同，直接混燃分为同磨同燃烧器混燃、异磨同燃烧器混燃、异磨异燃烧器混燃。同磨同燃烧器混燃为生物质和原煤在给煤机上游混合，送入磨煤机，然后混合燃料被送至原煤燃烧器，这是成本最低的方案（方案 1），但生物质和原煤在同一磨煤机中研磨会严重影响磨煤机的性能，因此仅限于有限种类的生物质且生物质掺烧比应小于 5% 的情况；异磨同燃烧器混燃为生物质燃料的输送、计量和粉碎设备与煤粉系统分离，粉碎后的生物质燃料被送至原煤燃烧器上游的煤粉管道或原煤燃烧器，此方案系统较复杂且控制和维护原煤燃烧器较困难（方案 2）；异磨异燃烧器混燃为先将预处理后的生物质在专用燃烧器（生物质气化炉）内进行气化，生成以一氧化碳、氢气、甲烷以及小分子烃类为主要组成的低热值燃气，然后将燃气喷入锅炉内与煤混燃（方案 3）。

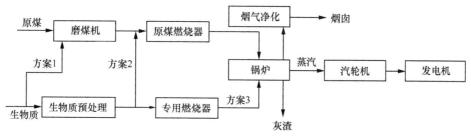

图 2-1　直燃耦合发电

国外电厂多采用同磨同燃烧器混燃，典型的有英格兰约克郡 Drax 电厂。2021年上半年，该电厂 4 台 660 MW 机组的生物质供电量达到 76 亿 kW·h。将二氧化碳排放强度从燃煤发电的 882 g/(kW·h) 降低至生物质发电的 80 g/(kW·h)，实现了火电机组 90% 以上的碳减排，成为欧洲碳排放最低的发电厂之一。

国内采用同磨同燃烧器混燃的有十里泉发电厂、华能日照电厂、山东国华寿光电厂等。十里泉发电厂采用了煤与生物质混燃技术，改造后的锅炉可将农林生物质与煤粉混烧，也可继续单独燃用煤粉，每年可燃用秸秆 10 万 t 左右。按机组年利用 6 000 h，秸秆发电量占机组发电量 20% 计算，该机组可节约标煤约 57 184 t，年利润总额约 139 万元。

2.2.2　并联耦合发电

并联耦合发电，即原煤和生物质的预处理分别在独立系统中完成，产生的蒸汽共用一个汽轮机发电，如图 2-2 所示。在并联耦合发电中，形成的生物质灰与煤尘分开，有利于原煤灰渣的利用，煤与生物质耦合比例对并联发电系统无干扰。该发电技术能够针对燃料的特点，选择合适的燃烧系统，提高了其整体发电效率。

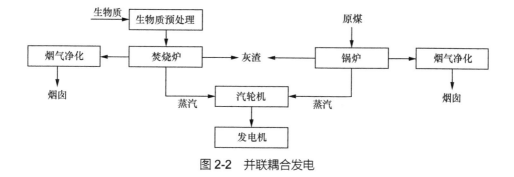

图 2-2　并联耦合发电

并联耦合发电的典型代表为丹麦 Avedore 电厂。该电厂于 2001 年投产的 2 号机超临界机组蒸汽耦合发电系统是燃煤锅炉蒸汽耦合技术路线的代表。2 号机采用两炉一机,两台锅炉的主蒸汽合并后进入汽轮机,即蒸汽耦合,同时还配有 2 套 55 MW 燃气轮机。2 台锅炉中的大锅炉为 800 MW 煤粉炉(现已改为生物质耦合燃烧锅炉),小锅炉为 144 t/h 的纯生物质燃料 105 MW 锅炉,可对外提供 35 MW 发电功率和 50 MJ/s 热量。

2.2.3 气化耦合发电

气化耦合发电,即生物质先进行预气化,在气化炉中产生的燃气与经过煤粉燃烧器的煤炭在煤粉炉中混合燃烧后进行发电。

生物质气化耦合燃煤发电系统主要由进料系统、气化反应器(气化炉)和后续气体净化及处理系统组成。气化炉是生物质气化耦合燃煤发电中的核心设备,其分为固定床气化炉、流化床气化炉、链条炉等类型,小型电厂常采用固定床气化炉和链条炉,大中型电厂则常采用流化床气化炉。

1. 固定床气化炉

固定床气化炉可分为下吸式、上吸式和横吸式 3 种,如图 2-3 所示。

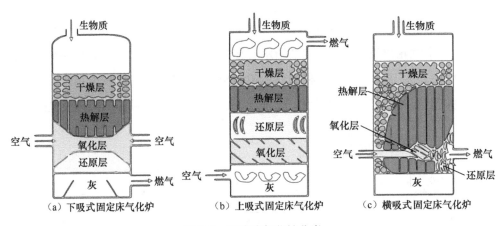

（a）下吸式固定床气化炉　　（b）上吸式固定床气化炉　　（c）横吸式固定床气化炉

图 2-3　固定床气化炉分类

下吸式固定床气化炉反应区域由下至上依次为还原层、氧化层、热解层和干燥层,氧化层位置是下吸式气化炉设计的关键参数。燃料与气体一同向下移动通过干燥层、热解层、氧化层和还原层。该类型气化炉内部温度变化较大，仅用于中小型电厂。

上吸式固定床气化炉反应区域由下至上依次为氧化层、还原层、热解层和干燥层，气化炉在很小的负压（约 10 Pa）下运行。原料由气化炉顶部料斗供给，料斗中安装传感器，以确定固体物料的高度。上吸式固定床气化炉结构较为复杂，操作难度大，容易通过燃料层燃烧，而且气化炉内生物质气焦油量高，易导致天然气管道频繁堵塞等问题。

横吸式固定床气化炉结构简单，其燃料从顶部进入，空气从侧面进入反应器。独立的灰仓、氧化层和还原层设计，能减少灰的产生。横吸式固定床气化炉的主要优点是负荷响应快、气体发生器灵活、启动快、与干风兼容、高度低。但横吸式固定床气化炉不能处理极小燃料颗粒和高焦油量颗粒，因为这两种颗粒的使用会使燃料气体温度过高。目前，横吸式固定床气化炉应用很少。

2. 流化床气化炉

流化床气化炉可分为循环流化床（circulating fluid bed，CFB）气化炉、双流化床（dual fluidized bed，DFB）气化炉等。

CFB 气化炉多用于电站锅炉，具有规模适中、燃料适应性广、过程温度低、传热效率高等特点，全球商业应用中普遍采用 CFB 气化炉。如图 2-4 所示，气化剂从气化炉的排风罩进入，物料（床料和燃料）与气化剂充分接触，达到流态化状态。旋风分离器将烟气中未燃烧的煤粉颗粒送入锅炉循环燃烧，从而节约能源，提高效率。

DFB 气化炉在 20 世纪 50 年代被开发用于煤气化，后来被改造用于生物质气化。DFB 系统工作原理如图 2-5 所示，DFB 气化炉由两个相互连接的流化床组成：鼓泡流化床（bubbling fluidized bed，BFB）气化炉是将生物质转化为原始合成气；CFB 或快速流化床（fast fluidized bed，FFB）燃烧器在燃烧气化残炭与辅助燃料的同时加热循环床料，为气化反应提供热量。生物质通过螺旋输送机输送给气化炉。两个单独控制的流化床通过一个非机械阀门相互连接，以确保床料颗粒的循环。旋风分离器分离载热材料和上升段中的烟气。载热材料被送回气化炉，而烟气则被引导到热回收系统。相比 CFB 气化炉，DFB 气化炉结构更复杂，操作难度大，温度过高时易发生结焦。

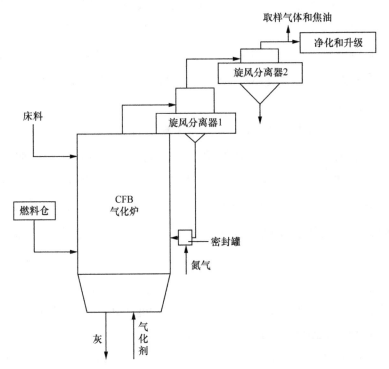

图 2-4　CFB 系统工作原理

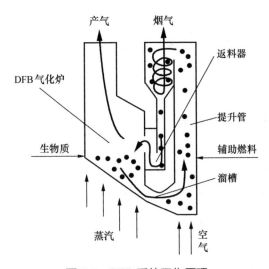

图 2-5　DFB 系统工作原理

3. 链条炉

链条炉内部和底部结构如图 2-6 所示。燃料在粉碎机中被粉碎，然后在螺旋传送带上的主室中进行热处理，空气当量比 $\lambda=0.45$，对燃料进行部分氧化、气化。气化炉和氧化室由墙隔开，随后气化炉中的挥发性气体在氧化室中充分燃烧。在热回收系统中，燃烧气体产生的热量被转变成蒸汽。气化炉内燃料层温度在 $300 \sim 400 \ ℃$，炉膛温度高达 $900 \ ℃$，氧化室温度达 $1\,000 \ ℃$，合成气的热值一般控制在 $2 \sim 4 \ MJ/Nm^3$，气化炉的灰渣占燃料的 20%。链条炉燃料适应性广、燃料颗粒度要求低、受热面磨损小、投资和造炉费用低，但是负荷调节能力差、热效率低。

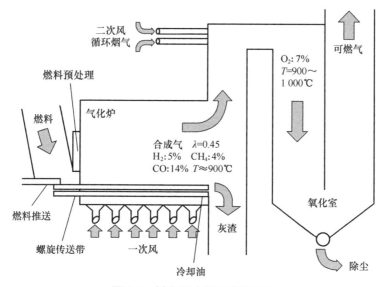

图 2-6　链条炉内部和底部结构

生物质气化耦合发电是当前我国燃煤耦合发电技术的主流发展趋势。大唐长山热电厂燃煤耦合生物质气化发电技术改造示范项目是国内首个国家级燃煤耦合生物质气化发电技术改造试点项目。该项目投入使用后，每年大约消耗生物质秸秆 10 万 t，实现生物质发电 1.1 亿 kW·h，相当于节省标煤约 4 万 t，减排二氧化碳约 14 万 t。

2.3　煤炭分质转化利用

煤炭分质转化利用技术是基于煤炭各组分具有的不同性质和转化特性，将煤炭同时作为原料和燃料的热解、气化、燃烧等过程有机结合。图 2-7 所示为低阶煤炭分质转化利用技术路线，包括了一级利用、二级利用和三级利用。一级利用发生在温度 500～1 100 ℃、隔绝空气的条件下，煤受热依次经历脱水、热解、缩合和碳化等反应，生成煤气、煤焦油和半焦。二级利用是对一级产物进行加工利用，其中煤气中的甲烷用于生产天然气，一氧化碳和氢气作为合成气生产甲醇、合成氨，或变换为氢气用于煤焦油的加氢反应；煤焦油先提取酚类和轻质芳烃，剩余馏分经悬浮床加氢技术可制备汽油、柴油等油品；半焦用于发电、气化制备合成以及电石化工、工业燃料等。三级利用是对二级产物进行深度处理，对石脑油、清洁油品、酚类等煤焦油加氢产物进行分级利用；利用产生的余热、余压、余气进行发电，封存利用二氧化碳，循环利用三废产物。

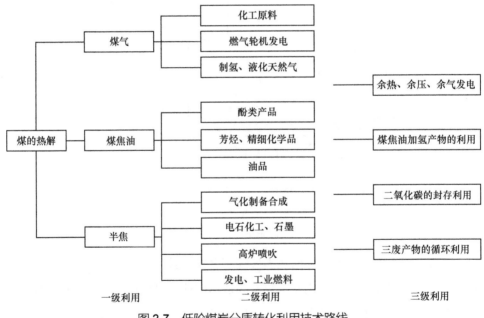

图 2-7 低阶煤炭分质转化利用技术路线

2.3.1 煤热解工艺

煤热解指在隔绝空气或在无氧条件下加热煤（在一定温度下发生物理和化学反应），最终得到固体（半焦或焦炭）、液体（煤焦油）和气体（煤气）等产品的过程。为制取发热值较高的固体半焦产品，国内外研发了多种煤热解工艺，包括移动床工艺、回转窑工艺、流化床工艺、带式炉工艺、德国鲁奇三段炉工艺、美国 COED 法工艺等。

1. 国内煤热解工艺

（1）移动床工艺

随着技术的发展，移动床工艺已经形成直立炉工艺、煤气热载体分段多层低阶煤热解工艺（SM-GF 工艺）、煤固体热载体法热解工艺（DG 工艺）。

直立炉工艺是在鲁奇三段炉的基础上开发设计内热立式干馏炉，各种炉型结构基本相同。在我国对鲁奇三段炉的改造设计中，SJ 干馏炉非常具有代表性，处理能力达 25 万 t/a。SJ 干馏炉是在鲁奇三段炉和现有内热立式干馏炉的基础上，根据所在地及周边煤田的煤质特点研制开发的一种新型炉。SJ-V 型干馏炉基本结构如图 2-8 所示，其工艺流程为：首先将原料煤装入炉顶最上部的煤仓内，再经进料口和辅助煤箱装入干馏室内。加入炉内的小粒煤向下移动，与布气伞装置送入炉内的加热气体逆向接触，并逐渐加热升温，煤气经上升管从炉顶导出。炉子分为 3 段，上部为干燥段，小粒煤逐步向下移动进入中部的干馏段完成低温干馏。高温兰炭通过炉子下部的冷却段时，被通入此段的水煤气和熄焦水冷却至 80 ℃左右，通过卸料器连续排出。煤料在干燥段产生的水蒸气、干馏过程中产生的煤气、加热燃烧后的废气以及冷却焦炭产生的水煤气的混合气（荒煤气），通过炉顶集气罩收集，进入净化回收系统（煤气净化装置）。煤气和空气经支管混合器混合，通过炉内布气花墙的布气孔，均匀喷入炉内料层燃烧，给煤加

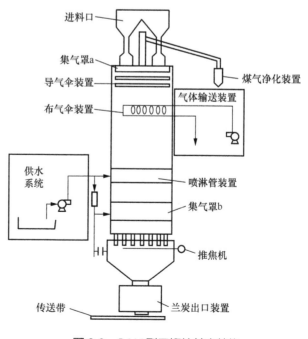

图 2-8　SJ-V 型干馏炉基本结构

热干馏。炉底出焦采用可调式推焦机排出炉内兰炭，可灵活调控干馏炉运行状况，控制兰炭的质量和产量。自炉内出来的荒煤气，进入荒煤气冷却器，冷却后的煤气经管道进入电捕焦油器，吸附回收煤气携带的焦油、冷凝液。煤气通过煤气风机加压后，一部分返回干馏炉加热燃烧，剩余煤气被输出。

SM-GF 工艺集分段多层处理、均匀传质传热、自产富气煤气热载体蓄热式加热、干法熄焦、油/尘/气高效分离、中低温分级耦合热解等多项技术为一体，解决了油/尘/气分离效率低、单套处理量小、原料适应性差、煤气热值低、焦油品质差等行业难题，实现了 30 mm 以下全粒径混煤热解工业化。SM-GF 工艺流程主要包括国富炉热解单元、煤气冷却净化单元、煤气加热炉单元、烟气净化单元和废水处理单元，如图 2-9 所示。其工艺流程为：原煤经炉顶储煤仓进入国富炉干燥段，与高温烟气充分换热并脱除全部水分，换热后的烟气经除尘、脱硫系统之后进入国富炉冷却段。干燥后的原煤进入国富炉干馏段与来自干馏段混合室的高温气体热载体换热生成半焦、焦油、煤气和热解水，高温半焦进入国富炉冷却段与来自脱硫系统的低温烟气换热。换热后半焦温度降至 100 ℃ 以下，烟气温度升高并循环至干燥段继续加热原煤。热解产生的油 - 水 - 气混合物经煤气净化系统充分净化后得到洁净煤气，一部分煤气经加热炉升温后进入国富炉干馏段充当热源，剩余部分外送。净化产生的油 - 水混合物进入焦油回收系统，实现高效的油水分离。

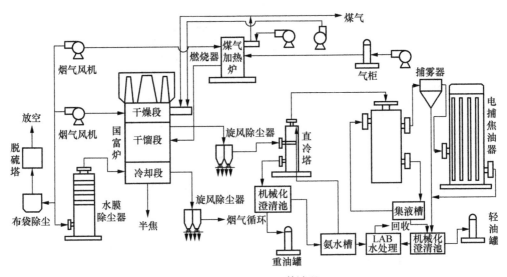

图 2-9 SM-GF 工艺流程

DG 工艺由大连理工大学研发，是将煤与热载体半焦快速混合加热，得到焦油、煤气和半焦的热解工艺。干煤储槽来的干煤经干煤预处理系统后，通过螺旋给料机送入混合器，在混合器中，干煤与来自半焦储槽的循环热半焦快速混合，使煤料迅速升温并迅速进入反应器。在反应器内，干煤发生热解反应产生荒煤气和半焦，产生的荒煤气由反应器上部引出进入油气、二级旋风分离器，除尘后的荒煤气进入荒煤气洗涤器，用循环氨水将煤气洗涤冷却至 82 ℃ 左右，然后送至冷焦油回收与煤气净化系统。反应器中产生的半焦在其下部排出，一部分进入热半焦缓冲槽并经冷焦机冷却（由 520 ℃ 冷却至 80 ℃）得到半焦产品；另一部分作为循环半焦进入加热提升管，并用来自烟气发生炉的热烟气燃烧提升进入热半焦储槽，作为煤热解的固体热载体。

（2）回转窑工艺

回转窑工艺包括天元回转窑热解工艺、三瑞外热式回转窑煤热解工艺、龙成回转窑煤热解工艺和多段回转炉热解工艺等。

天元回转窑热解工艺由陕煤集团神木天元化工有限公司和华陆工程科技有限责任公司共同研发，流程如图 2-10 所示。将粒径小于 30 mm 的原煤依次通过回转干燥炉、回转热解炉、回转冷却炉热解得到高热值煤气、煤焦油和提质煤。煤气进一步加工得到液化石油气、液化天然气、氢气和燃料气，煤焦油供给煤焦油轻质化装置，提质煤达到无烟煤理化指标，可用于高炉喷吹、球团烧结和民用洁净煤。该工艺具有原料适用性强，操作环境好，水资源消耗和污水处理量少，系统能效高，单系列设备原煤处理量大的优势。

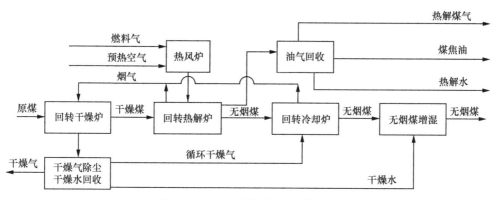

图 2-10　天元回转窑热解工艺流程

三瑞外热式回转窑煤热解工艺由西安三瑞实业有限公司研发,成套装置主要包括原料煤储运输送系统,粉煤干燥、热解、冷却回转炉,半焦干法熄焦及输送系统,煤气除尘、冷却、油气分离系统,焦油储罐,热风炉及高温烟气循环系统,煤气脱硫后处理系统,三废处理系统等。

龙成回转窑煤热解工艺由河南龙成集团有限公司研发,首先,通入氮气置换炉窑中的空气,低阶原料煤从落煤塔通过输送带输送到受料缓冲仓,再经给料装置送入提质窑。气柜里的煤气经配风后进入提质窑内辐射管,经辐射传热与原料煤间接换热。原料煤在提质窑被加热至 550 ℃,经提质后进入换能室冷却至约 200 ℃,经喷水加湿降温后通过输送带输送到提质煤储仓。气体从提质窑中出来,经除尘后进入冷鼓工段回收焦油。

多段回转炉热解工艺由煤炭科学研究总院北京煤化工研究分院研发,工艺主体是 3 台串联的卧式回转炉。制备好的原煤(6 ～ 30 mm)在干燥炉内直接干燥,脱水率不小于 70%。干燥煤在热解炉中被间接加热(热解温度为 550 ～ 750 ℃),热解挥发产物从专设的管道导出,经冷凝回收焦油。热半焦在三段熄焦炉中用水冷却排出。除工艺主体,多段回转炉热解装置还包括原料煤储备、焦油分离及储存、煤气净化、半焦筛分及储存等生产单元。

(3)流化床工艺

浙江大学是国内较早开发流化床工艺的单位之一,利用循环流化床煤热解热电气联产综合利用技术开发了 12 MW 和 25 MW 煤炭循环流化床分级转化装置,在一套系统中实现热、电、煤气和焦油的联合生产。该煤炭循环流化床分级转化工艺流程如图 2-11 所示,循环流化床锅炉运行温度在 850 ～ 900 ℃,大量的高温物料被携带出炉膛,经分离机构分离后部分作为热载体进入以再循环煤气为流化介质的流化床热解气化炉。煤经给料机进入流化床热解气化炉和作为固体热载体的高温物料混合并加热(运行温度在 550 ～ 800 ℃),煤在流化床热解气化炉中热解产生的粗煤气和细灰颗粒进入煤气净化系统进行净化。除作为流化床热解气化炉流化介质的部分煤气再循环,其余煤气则经脱硫等净化工艺后作为净煤气供民用或经变换、合成反应生产相关化工产品。收集下来的焦油可提取高附加值产品或改性变成高品位合成油。煤在流化床热解气化炉热解产生的半焦、循环物料及煤气分离器所分离下的细灰（灰和半焦）一起被送入循环流化床锅炉燃烧，用于加热固体热载体，同时生产的水蒸气用于发电、供热等。

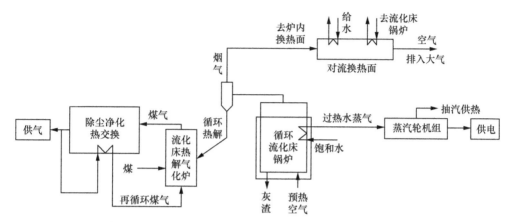

图 2-11 浙江大学开发的煤炭循环流化床分级转化工艺流程

（4）带式炉工艺

带式炉低温干馏技术是由北京柯林斯达科技发展有限公司在改性提质带式干燥炉基础上进行研发的。基于此，陕煤集团联合北京柯林斯达科技发展有限公司开发了气化-低阶煤热解一体化工艺。该工艺是较早开展热解与气化过程耦合探索的工艺之一，将气化气显热作为带式炉热解的热源实现煤气化和热解两种工艺高效耦合，进一步提高整个系统的能源效率，热解气品质高。该工艺的工艺流程如图 2-12 所示，由备煤系统输送的原料煤经分级布料器进入带式热解炉，依次经过干燥段、低温段、中温段和余热回收段得到清洁燃料半焦；干燥段湿烟气经冷凝水回收系统净化回收其中水分后外排；带式热解炉热源来自粉焦常压气化高温合成气显热，热解段煤层经气体热载体穿层热解产生荒煤气，荒煤气经焦油回收系统净化回收焦油后得到产品煤气，部分产品煤气返回带式热解炉余热回收段，对热半焦进行冷却并回收其显热，随后进入气化炉与高温气化气调温后一起作为带式炉热解单元的气体热载体。该工艺已建成万吨级工业试验装置，带式热解炉进煤量为 1.25 t/h，半焦产率为 57.84%，每吨煤的煤气产量为 309.17 m^3，干基焦油产率为 9.07%。

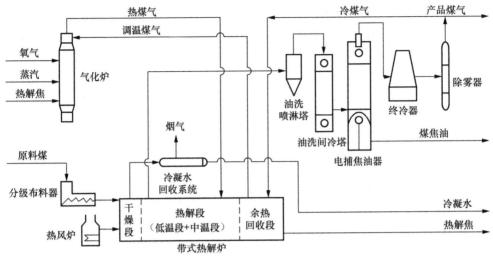

图 2-12　气化－低阶煤热解一体化工艺流程

2.国外煤热解工艺

（1）德国鲁奇三段炉工艺

鲁奇三段炉是气体热载体内热立式炉的典型炉型。煤在鲁奇三段炉中下行，气流逆向通入进行热解。煤在炉内移动过程分为 3 段：干燥段、干馏段和焦炭冷却段。在干燥段，循环热气流将煤干燥并预热至 150 ℃；在干馏段，热气流将煤加热至 500 ～ 850 ℃；在焦炭冷却段，焦炭被冷循环气流冷却至 100 ～ 150 ℃后排出。循环气和干馏煤气混合物由干馏段引出，其中液体副产物在后续冷凝系统中分出，煤气经净化后送入干燥段和干馏段的燃烧室或外送，可作为加热用燃料。冷凝系统包括初冷器、电捕焦油器以及洗苯塔。在初冷器用热解得到的热氨水（约 85 ℃）喷洒和蒸发使煤气冷却。煤气经电捕焦油器后，焦油被分离，并使水凝结出来。在洗苯塔用焦油馏分的洗油将苯洗下来。单台炉每天处理煤 300 ～ 500 t，加工成半焦 150 ～ 250 t，得焦油 10 ～ 60 t，剩余煤气 180 ～ 220 m³/t。

（2）美国 COED 法工艺

COED 法工艺为典型的流化床工艺，其流化床段数因煤种而异，当煤的黏结性增加时，其流化床段数要相应增多。一般情况下，对褐煤和次烟煤多采用 2 段流化床；对于烟煤，则需采用 3 段流化床；而挥发分相对更高的匹兹堡烟煤，可能需要 4 段流化床。COED 法工艺流程如图 2-13 所示。煤经表面干燥后，破碎至 2 mm 以下，装入第 1 段流化床，在此被 480 ℃的无氧流化气加热至 288 ℃，煤中的游离水、大部分化合水及约 10% 的焦油从煤中析出后进入第 2 段流化床，其操作温度约为 454 ℃，使大部分焦油和一部分热解气体在煤干馏过程中析出。随后，第 2 段半焦送至第 3 段流化床，其操作温度约为 566 ℃，残余的焦油和大量热解气体在此段析出，第 3 段的热量来自第 4 段的热气体和热循环半焦。由第 3 段进入第 4 段流化床的半焦产生热解系统所需热量和流化气体，所以在第 4 段流化床的底部吹入水蒸气或氧气，使半焦部分气化，并将产生的高温煤气送入前面几段流化床内作为热解反应器和干燥器的热载体和流化介质。热解反应的压力为 35 ～ 70 kPa，所产煤气热值为 15 ～ 18 MJ/m³。采用 COED 法工艺对美国代表性煤种进行低温热解，其半焦收率为 50% ～ 60%，焦油收率为 20% ～ 25%，煤气收率为 15% ～ 30%。所产焦油在后续工序中进行焦油加氢生产燃料油。

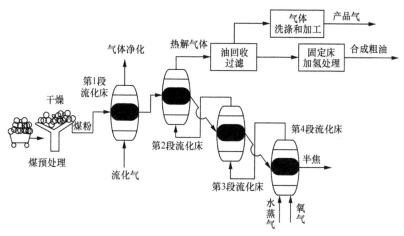

图 2-13 COED 法工艺流程

2.3.2 煤焦油加氢工艺

煤焦油加氢工艺制备的产品是可提供替补石油产品的清洁燃料的重要来源，催化加氢制燃料油既是解决煤焦油有效利用的途径，更是产业界和学界关注的热点。通过加氢将煤焦油所含的金属杂质、灰分和硫、氮、氧等杂原子脱除，并将其中的烯烃和芳烃类化合物进行饱和，生产质量优良的石脑油馏分和柴油馏分。按照原料预处理方式的不同，煤焦油加氢工艺可分为分馏切割＋固定床加氢工艺、延迟焦化＋固定床加氢工艺、脱水脱渣＋固定床加氢工艺、沸腾床加氢＋固定床加氢工艺和悬浮床加氢＋固定床加氢工艺等。

1. 分馏切割＋固定床加氢工艺

针对煤焦油沸程高、含固高、含沥青质高的特点，最简单的处理方法是将煤焦油中的高沸程馏分切割出去，仅将易于处理的低沸程馏分进行加氢，原料油分馏切割＋固定床加氢工艺即是如此。分馏切割＋固定床加氢工艺流程如图 2-14 所示。煤焦油经过减压闪蒸塔分馏切割为轻质煤焦油和煤沥青，轻质煤焦油直接送至加氢装置或者罐区，煤沥青作为产品直接对外销售。轻质煤焦油经升压泵升压至一定压力（13～17 MPa），然后与氢气混合，经系列换热器升温，再经加热炉加热至一定温度，随后进入固定床的加氢精制反应器、加氢裂化反应器进行脱除硫、氮、氧、重金属以及烯烃饱和、加氢裂化等反应，反应产物经过系列冷却后进入高压分离器。分离出来的氢气经过循环氢压缩机升压后循环使用，反应油进入分馏塔进行产品分离，得到精制石脑油、轻质燃料油和重质加氢蜡油（加氢尾油）等。

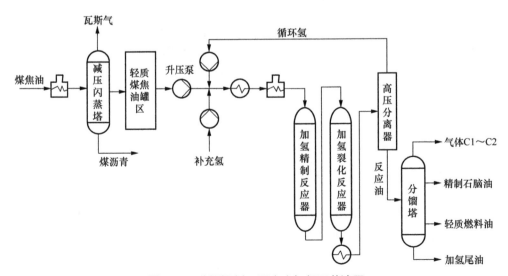

图 2-14 分馏切割＋固定床加氢工艺流程

2. 延迟焦化 + 固定床加氢工艺

针对煤焦油沸程高、含固高、含沥青质高的特点，另一个处理方法是将重馏分进行延迟焦化处理，进而得到针状焦和可用于加氢的馏分油，延迟焦化 + 固定床加氢工艺即是基于这一方法。延迟焦化 + 固定床加氢工艺流程如图 2-15 所示。煤焦油经加热后进入延迟焦化炉，转化成针状焦和轻质煤焦油。轻质煤焦油经原料高压泵升压至一定压力（15～17 MPa），然后与氢气混合，经系列换热升温，再经加热炉加热至一定温度，随后进入固定床的加氢精制反应器、加氢裂化反应器进行脱除硫、氮、氧、重金属以及烯烃饱和、加氢裂化等反应，反应产物经过系列冷却后进入高压分离器。分离出来的氢气经过循环压缩机升压后循环使用，反应油进入分馏塔进行产品分离，得到精制石脑油、轻质燃料油和重质加氢蜡油（加氢尾油）等。

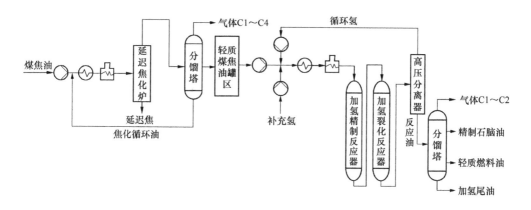

图 2-15　延迟焦化 + 固定床加氢工艺流程

3. 脱水脱渣 + 固定床加氢工艺

脱水脱渣 + 固定床加氢工艺与前两种加氢工艺不同，煤焦油通过简单的脱水脱渣后，全部进行加氢，以富产尾油的方式来解决煤焦油组成复杂这一问题，产品液收率得到极大提升。脱水脱渣 + 固定床加氢工艺流程如图 2-16 所示。煤焦油经电脱盐脱除游离无机化合物后，进入离心机脱除煤焦油中的机械杂质、水。脱渣后的煤焦油经高压泵将压力升至 13～16 MPa，然后与氢气混合，经加热炉升温至一定温度，随后进入加氢精制反应器，脱除重金属和硫、氮、氧后进入加氢裂化反应器。反应器出来的油气经冷却后进入高压分离器。分离出来的氢气经过循环压缩机升压后循环使用,反应油进入分馏塔进行产品分离,得到精制石脑油、轻质燃料油和重质加氢蜡油(加氢尾油)等,部分尾油进行加氢循环,另一部分尾油作为产品直接进行销售。

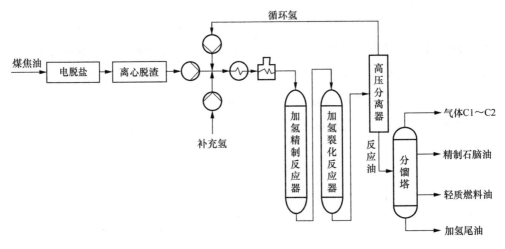

图 2-16 脱水脱渣 + 固定床加氢工艺流程

4. 沸腾床加氢 + 固定床加氢工艺

与固定床加氢反应器不同,沸腾床加氢反应器对含固物料的处理有着天生的优势,全返混物流状态可有效抑制局部放热的发生,无催化剂床层压降问题,同时还可实现催化剂的在线加排以及催化剂的再生利用。沸腾床加氢 + 固定床加氢工艺流程如图 2-17 所示。煤焦油经分馏塔简单脱水后经原料油升压泵升压至 22.0 MPa,然后与压缩机来的氢气混合,经换热器、加热炉升温至反应温度后依次进入沸腾床加氢反应器(加氢精制反应器、加氢裂化反应器),反应温度由反应器底部循环油泵来控制,反应器出口温度由反应器出口冷油、冷氢来控制。沸腾床催化剂经过催化剂专用泵注入沸腾床加氢反应器,然后由催化剂卸出口卸出。沸腾床反应器出口反应浆液进入高压分离器进行气、液、固三相分离,热高分液相进入减压分馏塔进行液固分离。减压分馏塔塔底产品为含催化剂的减压渣油、沥青,减压分馏塔分离的轻质煤焦油经高压泵升压后,进入固定床反应器（加氢精制反应器、加氢裂化反应器）进行加氢裂化精制。经固定床加氢反应器精制后，油气进入高压分离器。分离出来的氢气经循环压缩机升压后循环使用，反应油进入分馏塔进行产品分离，得到低含硫精制石脑油、柴油（轻质燃料油）和尾油（重质加氢蜡油），尾油进入固定床反应器进行裂化精制。

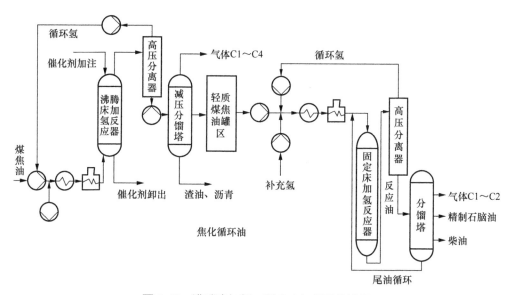

图 2-17　沸腾床加氢 + 固定床加氢工艺流程

5. 悬浮床加氢 + 固定床加氢工艺

悬浮床加氢反应器与沸腾床加氢反应器有着相似的特点，其采用廉价可抛弃性催化剂，无催化剂再生问题，对原料煤焦油适应性更强。悬浮床加氢 + 固定床加氢工艺流程如图 2-18 所示，煤焦油经分馏塔简单脱水后与催化剂混合，经升压泵升压至 22.0 MPa，然后与压缩机提供的氢气混合，经换热器、加热炉升温至反应温度后依次进入悬浮床加氢反应器（3 台），反应温度由反应器中部冷氢和反应器出口冷油、冷氢来控制。经过悬浮床加氢反应后的反应浆液进入高压分离器进行气、液、固三相分离，热高分气相降温至一定温度后直接进入固定床加氢反应器进行精制裂化，热高分液相进入减压闪蒸塔进行液固分离。减压闪蒸塔塔底产品为含催化剂的减压渣油，减压闪蒸塔分离的轻质馏分油进入固定床加氢反应器进行加氢裂化精制。精致后的反应产物经产品分离后得到低含硫精制石脑油、柴油(轻质燃料油)和尾油(重质加氢蜡油),尾油进入固定床加氢反应器进行裂化精制。

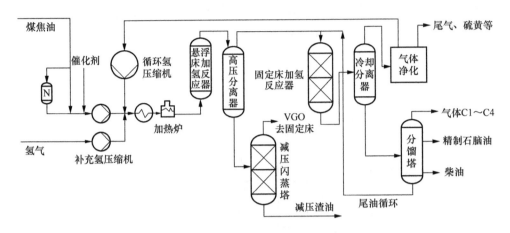

图 2-18　悬浮床加氢 + 固定床加氢工艺流程

2.3.3　煤分质清洁高效转化多联产的模式

煤热解工艺具有极强的延展性和耦合性,能够实现煤 - 油 - 气 - 电 - 化多联产一体化。以煤热解为龙头的多联产技术,利用较少的能量将煤热解,得到气、液、固 3 种产品。耦合煤炭发电和多种煤化学品加工工艺,可实现煤炭的高效转化、分级分质、清洁利用,形成资源 - 能源 - 环境一体化的多联产系统。

1. 煤 - 油 - 电 - 化多联产模式

通过以煤热解为龙头的煤分质利用技术,可优先提取富油煤中国家紧缺的油气资源,实现富油煤从燃料向燃料 + 原料的转化,从而充分发挥资源优势、实现多元化补充油气短缺、保障能源的安全稳定供给。煤 - 油 - 电 - 化多联产模式如图 2-19 所示。工业化试验结果表明,1 t 煤热解后可得到 100 ～ 180 kg 煤焦油、60 ～ 100 m³ 纯热解煤气以及约 600 kg 洁净高热值半焦。煤焦油中含有多种难以通过经济的石油化工路线获得的酚类芳烃、环烷基特种油品及精细化学品;热解煤气中的氢气、甲烷和一氧化碳体积分数占 85% 以上,可以进一步与氢气和甲烷制成纯氢和液化天然气,或催化转化成化学品;块煤生产的块半焦可做电石、铁合金等,粉煤可与煤分选过程中的煤矸石一起用于发电,同时也可通过气化进一步催化转化为油品或者其他化学品,粉焦本身也可作为高炉喷吹料和无烟燃料。全过程产生的水分经简单处理即可利用,热解过程只有煤中的化合水进入焦油。煤炭热解能效根据工艺不同可达 80%～93%,几乎不消耗新鲜水,二氧化碳排放极低,1 t 原料煤仅产生废水约 50 kg,该废水还可耦合煤气化进行资源化利用。

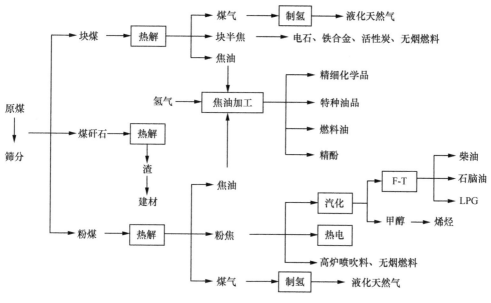

图 2-19　煤-油-电-化多联产模式

2. 煤-盐-油-化多联产模式

陕北盐田是国内罕见的巨型石盐矿田,具有分布面积广、含盐层稳定、存量大、品位高、盐质好和埋藏深等特点,岩盐储量约占全国岩盐总储量的 28%。陕北地区发展煤-盐-油-化多联产模式的条件得天独厚。立足于陕北地区的煤炭和岩盐资源优势,以新型粉煤中低温热解和传统氯碱化工为龙头,下游发展清洁能源、碳-化工和新型盐化工等特色支柱产业,打造"资源优化配置、技术先进环保、产品高端化延伸"、具备核心竞争力和陕北地域特色的煤、盐清洁高效综合利用产业。煤-盐-油-化多联产模式如图 2-20 所示。该模式丰富了煤化工和盐化工产业各自领域的产品链,提高了产品附加值,能耗指标和经济指标均明显优于单一的煤气化利用模式和单一的盐化工产业。

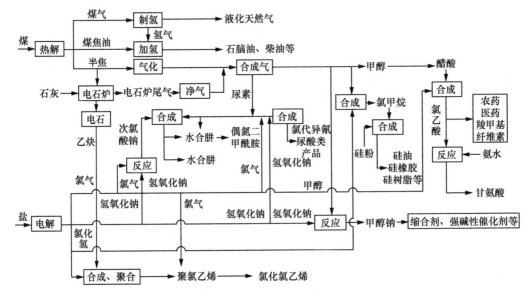

图 2-20　煤－盐－油－化多联产模式

2.4　超超临界燃煤发电

目前，超超临界（ultra super-critical，USC）发电机组的发电效率在45%以上，远高于亚临界发电机组的37.5%。超超临界锅炉主要通过提高锅炉主蒸汽的压力和温度，实现热效率在常规超临界机组基础上提高约4%。大容量超超临界锅炉还具有良好的启动运行和调峰性能，变负荷速率比常规锅炉高10%～20%。超超临界发电技术是目前世界上的主要燃煤高效发电技术，主要设备包括二次再热超超临界机组和超超临界循环流化床机组。

超超临界燃煤发电主要流程为原煤被粉碎后燃烧，释放的热能通过传导和对流传递到热交换器内部的水，使用给水泵供应到各个加热阶段，并将蒸汽参数提高到超超临界状态进行发电。其技术方案内容包括设计蒸汽参数、选择合适煤种、配备先进燃烧器、采用先进蒸汽轮机、引入先进控制系统以及进行系统调试和优化。通过以上步骤，可以实施超超临界燃煤发电技术方案，实现高效、环保的电力生产。

近年来，为进一步提高发电效率、降低污染物排放，超超临界燃煤发电项目被列为国家电力示范项目，涉及高效超超临界发电技术、超超临界循环流化床发电技术，代表着电力工业发展的新台阶。

2.4.1　高效超超临界发电技术

1. 1 000 MW 级 630 ℃ 超超临界二次再热机组

2023 年 8 月 31 日，世界首个 630 ℃ 二次再热发电项目——大唐郓城 630 ℃ 超超临界二次再热国家电力示范项目主体工程全面启动，如图 2-21 所示。项目安装 2 台 100 万 kW 超超临界 35.5 MPa/616 ℃/631 ℃/631 ℃ 二次再热燃煤发电机组，是我国"压力最高、温度最高、效率最高、煤耗最低"的单轴百万千瓦火电机组。四大管道采用国产自主研发的 G115 高温耐热钢材，全厂热效率突破 50%。和同级别一次再热机组相比，该机组热效率提升约 2%，每发 10 000 kW·h 的电可节煤约 100 kg。项目投产后，年发电量可达 100 亿 kW·h，较常规煤电机组每年可节约标煤 35 万 t，减排二氧化碳 94.5 万 t。特别地，国产自主研发的高温耐热钢 G115 新型材料在电力装备上的首次应用，填补了国家耐高温材料研发领域的技术空白，对加快装备自主化进程具有重要意义，将带动我国火电装备设计、制造、新材料、新工艺再上新台阶。项目设计温度、压力、效率、煤耗等指标均达世界领先水平，具有较强的示范效应。

图 2-21　大唐郓城 630 ℃ 超超临界二次再热国家电力示范项目主体工程

2. 1 240 MW 级高效超超临界二次再热机组

广东华夏阳西电厂工程（2×1 240 MW）是目前国内已投产机组中单轴全速单机容量最大、蒸汽参数最高、单位发电煤耗最低、单位污染排放量最少的高效超超临界燃煤机组,是绿色火电标杆示范工程项目,如图 2-22 所示。该项目创新应用紧凑"一"字形烟道布置、高效回热系统、汽机基座弹簧隔振台板系统、无动力除尘、"预处理+TMF+STRO+DTRO"脱硫废水零排放处理、烟气联合处理等多项优选方案,借助先进的三维协同设计技术、现场总线技术和计算机网络信息技术,全面提高了电厂的运行和管理的自动化水平。该项目在安全、环保、能效等方面的指标均处于火电机组国际最高水平,同时机组在参数、容量、模块化设计等多方面突破了国外技术限制,拥有完全自主知识产权,整体国产化率达 90% 以上。该项目的成功实施,也是对我国大容量、高参数超超临界电站的设计、制造、建设和运行能力迈上新台阶的综合检验。

图 2-22　广东华夏阳西电厂工程(2×1 240 MW)

2.4.2　超超临界循环流化床发电技术

1. 600 MW 级超临界循环流化床锅炉

四川白马 600 MW 超临界循环流化床锅炉(见图 2-23)示范工程首次采用 6 个汽冷旋风分离器和外置换热器的单炉膛双布风板整体 H 形布置方案;突破了超高炉膛、超大床面和锅炉传热强烈耦合、热量分配等技术瓶颈;开发了防磨工艺和高强度垂直上升管屏、大型旋风分离器、大床面布风板等制造工艺和设备,解决了 600 MW 超临界循环流化床的制造难题。白马 600 MW 超临界循环流化床锅炉最长连续运行 163 天。性能试验表明,该锅炉最大连续蒸发量为 1 903 t/h,受热面无超温;额定工况下锅炉热效率为 91.52%;锅炉出口氮氧化物排放浓度为 111.94 mg/Nm³、二氧化硫排放浓度为 192.04 mg/Nm³;钙硫比为 2.07 时,脱硫效率为 97.12%,各项指标均优于设计值,并达到了国际领先水平。

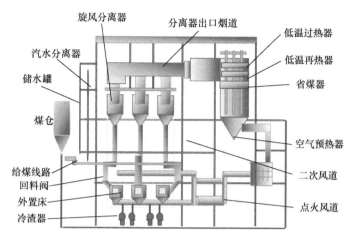

图 2-23　四川白马 600 MW 超临界循环流化床锅炉

2. 660 MW 级超超临界循环流化床锅炉

2020 年 3 月 9 日，世界首个 660 MW 超超临界循环流化床发电项目——神华国能彬长低热值煤 660 MW 超超临界循环流化床科技示范发电项目在陕煤集团彬长矿区开工。工程采用 1 台 660 MW 高效超超临界参数直流炉、循环流化床燃烧方式，一次中间再热、单炉膛、单布风板、平衡通风、固态排渣、全钢构架、全悬吊结构、半露天布置锅炉。炉内喷钙脱硫 + 炉后半干法烟气循环流化床脱硫，炉内和炉后脱硫效率分别不低于 90% 和 92%，综合脱硫效率不低于99.2%；循环流化床锅炉低温、分段燃烧技术基础上，增加炉内选择性非催化还原脱硝装置，效率不低于 70%；炉后设置电场预静电除尘，脱硫后设置布袋除尘，效率达 99.99% 以上；脱硝、除尘、脱硫三级协同脱汞，效率不低于 70%；烟塔合一排烟。项目建设可实现彬长矿区低热值煤就地高效清洁利用，有利于减轻矿区生态影响和环境污染。

第 3 章

可再生能源

可再生能源是指从自然界获取、可以再生的非化石能源，目前主要指太阳能、风能、水能、海洋能、生物质能、地热能等。据统计，2023 年全球可再生能源新增装机容量较 2022 年增长了 50%，接近 5.1 亿 kW，其中太阳能光伏占总量的 3/4。中国可再生能源新增装机容量 3.05 亿 kW，贡献超过全球新增装机容量的一半，为全球可再生能源发电增长作出了巨大贡献。截至 2023 年年底，我国可再生能源发电装机容量 15.16 亿 kW，占全国发电总装机容量的 51.9%，在全球可再生能源发电总装机容量的比重接近 40%，可再生能源发电量约占全社会用电量的 1/3；风电和太阳能光伏发电量已超过同期城乡居民生活用电量，占全社会用电量的比重突破 15%。

3.1　太阳能发电

太阳能是一种重要的可再生能源，它是由太阳内部氢原子发生氢氦聚变释放出巨大核能产生的。太阳能发电就是利用太阳辐射的能量来产生电能的技术，主要包括太阳能光伏发电技术和太阳能热发电技术。

3.1.1　太阳能光伏发电技术

太阳能光伏发电技术是一种利用半导体界面的光生伏特效应将光能直接转变为电能的技术。在太阳能光伏发电技术中，太阳能电池的性能是关键，直接影响太阳能光伏发电系统的效率和稳定性。太阳能电池主要包括晶体硅太阳能电池、薄膜太阳能电池和染料敏化太阳能电池等。目前，晶体硅太阳能电池和薄膜太阳能电池已大规模商业化，染料敏化太阳能电池尚处于实验室阶段。

1. 晶体硅太阳能电池

在众多类型的太阳能电池中，晶体硅太阳能电池是发展最久、商业化程度最高、制备技术最为成熟的太阳能电池，占目前太阳能电池市场的 90% 以上。晶体硅太阳能电池主要由高纯度的单晶硅或多晶硅材料制成，这些硅材料具有明确的晶体结构，从而保证了电子迁移的效率和电池的性能。当太阳光照射晶体硅太阳能电池表面时，光子（光的粒子）携带的能量会与硅晶体中的电子相互作用。如果光子的能量大于硅的禁带宽度，即电子从价带跃迁到导带所需的能量,电子就会被激发到导带,留下一个空穴。这样,在硅材料中就形成了电子-空穴对,这是晶体硅太阳能电池产生电流的关键步骤。

晶体硅太阳能电池主要由铝合金框、钢化玻璃、封装材料、背板、接线盒和电池片等组成,其结构如图3-1所示。铝合金框的主要作用是保护太阳能电池板;电池正面的钢化玻璃要求具有高透光率以及高机械强度,一般为低铁钢化玻璃;由于太阳能电池一般放在室外工作,环境较为恶劣,故太阳能电池对封装材料的要求较为严格,目前,封装材料一般为EVA(乙烯-醋酸乙烯共聚物);背板一般为TPT(聚氟乙烯复合膜)。电池片通过汇流带连接在一起,汇流带为镀锡铜线。

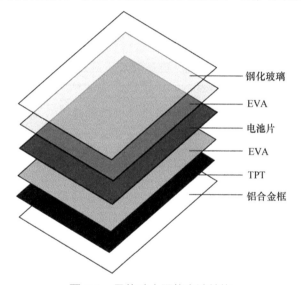

钢化玻璃
EVA
电池片
EVA
TPT
铝合金框

图 3-1　晶体硅太阳能电池结构

晶体硅分为单晶硅和多晶硅。单晶硅是指硅材料整体结晶为单晶形式,是目前普遍使用的太阳能光伏发电材料。单晶硅太阳能电池技术工艺成熟,相对多晶硅和非晶硅太阳电池,其光电转换效率更高,但单晶硅生产成本较高。多晶硅太阳能电池光电转换效率的理论值为20%,实际产品的光电转换效率为12%～14%。多晶硅太阳能电池的原料比较丰富,制作容易。由于无须耗时耗能的拉单晶过程,多晶硅生产成本只有单晶硅的1/20。从光电转换效率和材料来源考虑,太阳能电池今后的发展重点仍然是晶体硅太阳能电池。

2023年,世界海拔最高的光伏项目——华电西藏5万kW才朋光伏项目正式投产。该项目位于山南市海拔4 994～5 100 m的高原上,所在地常年日照充足,每年可发出清洁电能 9 000 万 kW·h,相当于减少二氧化碳排放 9.2 万 t,对于推动当地绿色低碳发展具有重要意义。

2. 薄膜太阳能电池

薄膜材料在降低成本上具有巨大的潜力,电池薄膜材料的厚度从几微米到几十微米,是单晶硅和多晶硅电池的几十分之一,且直接沉积出薄膜,没有切片损失,可大大节省原料,还可采用集成技术依次形成电池,省去组件制作过程。图 3-2 所示为薄膜太阳能电池的结构。

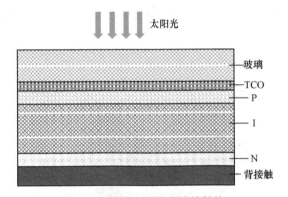

图 3-2　薄膜太阳能电池的结构

薄膜太阳能电池是一种基于半导体材料的光电转换器件,其利用半导体材料薄膜作为光吸收层,原料消耗大大减少,有利于降低成本。与当前广泛使用的晶体硅太阳能电池相比,薄膜太阳能电池具有光吸收效率高、工序简单和经济效益高等优点,对于扩大太阳能的应用范围是十分有利的。

(1)非晶硅薄膜太阳能电池

非晶硅薄膜太阳能电池具有光吸收系数大、生产成本低、弱光效应好、适于规模化生产等优点。但是,非晶硅薄膜太阳能电池作为地面电源使用的最主要问题仍是光电转换效率较低、稳定性较差。研究发现,非晶硅薄膜太阳能电池长期被光照射时,电池效率会明显下降,即光致衰退。

(2)多晶硅薄膜太阳能电池

多晶硅薄膜太阳能电池具备单晶硅太阳能电池的高光电转换效率和高稳定性,因而受到人们的关注。多晶硅薄膜太阳能电池的膜层即使薄到 10 μm,仍可以取得比较高的光电转换效率,因此被认为是第二代太阳能电池最有力的候选者之一，但多晶硅薄膜太阳能电池仍需克服价格高等问题。

3. 染料敏化太阳能电池

染料敏化太阳能电池主要由导电玻璃、TiO₂ 纳米晶薄膜（光阳极）、染料敏化剂、电解液、对电极几个部分组成，如图 3-3 所示。

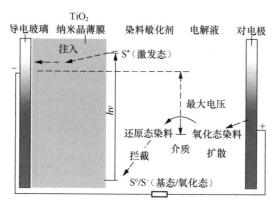

图 3-3　染料敏化纳米晶太阳能电池结构

研究表明，染料敏化 TiO₂ 纳米晶薄膜电极要实现高效光电转换必须达到几个条件，如薄膜电极需具有足够大的比表面积、染料敏化剂在可见光波长范围内有强的光吸收性能、激发态电荷分离效率高、电解液中氧化还原离子性能可逆。因此，为了提高该电池的光电转换效率，应从纳米氧化物薄膜光电极、染料敏化剂、电解质、对电极几个方面进行研究。

染料敏化剂性能的优劣对电池的光电转换效率影响极大，理想的染料敏化剂必须对可见光具有很好的吸收性，即能吸收大部分或者全部的入射光，其吸收光谱能与太阳光谱很好匹配。因此，选择合适的染料敏化剂便成了关键步骤，它起着吸收入射光并向载体（被敏化物）转移光电子的作用。染料敏化剂经化学键合或物理吸附在高比表面积的 TiO₂ 纳米晶薄膜上，使宽带隙的 TiO₂ 敏化。不仅 TiO₂ 薄膜表面吸附单层敏化剂分子，海绵状 TiO₂ 薄膜内部也能吸收更多的染料敏化剂分子，因此太阳光在薄膜内部经过多次反射后，可被染料敏化剂分子反复吸收，提高对太阳光的利用率。另外，敏化作用能提高光激发的效率，扩展激发波长至可见光区域，进而达到提高光电转换效率的目的。

4. 其他新型太阳能电池

钙钛矿太阳能电池（PSCs）优异的器件效率得益于其独特的 ABX₃ 结构，

这样的离子结构赋予了钙钛矿材料较高的消光系数、可调节的带隙和优良的极性载流子输运的性质。越来越多的报道表明，PSCs 将会成为下一个走进人类生活和商业化应用的太阳能电池。

PSCs 的原理是将太阳能转换为电能，主要的过程涉及激子产生、载流子分离及载流子输运，如图 3-4 所示。

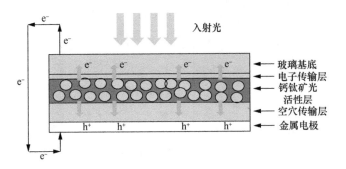

图 3-4　钙钛矿太阳能电池工作原理

① 当太阳光照射到钙钛矿光活性层时，钙钛矿光活性层会吸收光子并产生电子－空穴对。

② 电子和空穴由于内建电场的驱动会分离到钙钛矿的导带（CBM）和价带（VBM）。

③ 电子从钙钛矿的导带传输到电子传输层的导带上，再传输到玻璃基底。

④ 空穴相应地从钙钛矿的价带传输到空穴传输层的价带上，再通过欧姆接触收集到金属电极。

⑤ 电流通过外部负载，实现了太阳能到电能的转换。

根据中国光伏行业协会预测，全球钙钛矿太阳能电池总产能预计将从 2023 年的 1 GW 增长至 2030 年的 461 GW；2023—2030 年的复合年均增长率预计达到 140.01%。我国 2023 年钙钛矿太阳能电池新增产能达 0.5 GW，2030 年将达 161 GW。

3.1.2　太阳能热发电技术

太阳能热发电技术是将太阳能转换为热能并通过热力循环过程转变为电能

的技术，目前已形成槽式、塔式、碟式、线性菲涅耳式 4 种热发电系统。

1. 槽式热发电系统

槽式热发电系统是利用抛物面槽式聚光器和位于抛物面焦线处的真空吸热管吸收太阳辐射能的太阳能热发电系统。槽式热发电系统的基本原理如图 3-5 所示。槽式聚光器和真空吸热管组成槽式集热器，多个槽式集热器列阵形成槽式集热场。槽式聚光器跟踪太阳运动以收集太阳辐射能，然后将辐射能聚集到真空吸热管表面，真空吸热管吸收太阳辐射能后将其转换为热能。低温导热油进入槽式集热场，通过真空吸热管加热变成高温导热油，高温导热油流出槽式集热场后进入换热器，通过换热器与水换热变成低温导热油，再回到槽式集热场由太阳辐射能加热形成导热油循环。水则变成高温高压蒸汽推动气轮机发电，蒸汽通过冷凝器冷却后变成水再回到换热器和导热油换热变成蒸汽，形成水－蒸汽循环。

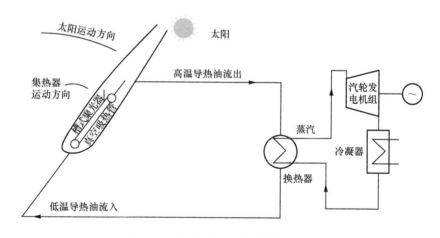

图 3-5　槽式热发电系统的基本原理

2. 塔式热发电系统

塔式热发电系统是通过多台跟踪太阳运动的定日镜将太阳辐射能反射至放置于支撑塔上的吸热器中，把太阳辐射能转换为传热工质的热能，通过热力循环再转换成电能的发电系统。

定日镜将太阳辐射能聚集到位于支撑塔顶部的熔盐吸热器表面，熔盐吸热器将辐射能转换为热能，由吸热器内部温度加热熔盐，被加热的熔盐由吸热器进入高温蓄热罐内,再由高温蓄热罐出来,进入蒸汽发生器和水换热,换热后的熔盐温度下降,然后进入低温蓄热罐,再由低温蓄热罐进入支撑塔顶部的熔盐吸热器,通过吸热器加热熔盐,形成一个熔盐的冷热循环。蒸汽发生器内部的水被高温熔盐加热后变成高温高压蒸汽,推动汽轮发电机组发电后,变成低温低压蒸汽,再通过冷凝器变成水,重新进入蒸汽发生器由高温熔盐加热,形成一个水 - 蒸汽循环。汽轮发电机组则不间断产生电力送入电网。

定日镜是塔式热发电站的主要装备。根据蓄热容量的不同,定日镜的成本可占塔式热发电站一次投资的 45%~60%。定日镜在聚光过程中产生的能量损失占塔式热发电系统能量总损失的 20%~30%,而光电转换效率每提高 1%,成本电价可降低约 8%。因此,降低定日镜成本、提高定日镜性能对提高塔式热发电站的光电转换效率、增加经济效益均有重要的意义,也是定日镜技术未来发展的方向。

吸热器是用于最终接收投射或反射太阳辐射的装置,一般位于支撑塔顶部,由吸热体和保温结构等组成。设计吸热器主要考虑的因素包括吸热器的额定热功率、吸热器的外形尺寸和结构、吸热体材料和吸热器表面吸收涂层,以及最大允许能流密度和额定能流密度、保温材料等。

3. 碟式热发电系统

碟式热发电系统是将太阳光会聚到焦点处的吸热器,再通过热工转换驱动发电机发电的太阳能热发电系统。碟式热发电系统由碟式聚光器、吸热器、热机和发电机组成。碟式聚光器是会聚太阳辐射的装置,其反射面由旋转抛物面切割而成。

碟式聚光器将反射面的中心轴线始终指向太阳,将入射的太阳辐射会聚到焦点,焦点处放置吸热器将辐射能转换为热能,再通过斯特林发动机或布雷顿发动机驱动发电机发电。还有一种技术方案是吸热器内可以采用水作为传热介质,将水加热成高温蒸汽,再推动汽轮机组发电。碟式聚光器由单元反射镜、支架、电动机、传动系统、控制系统、基座和地基等组成。

4. 线性菲涅耳式热发电系统

线性菲涅耳式热发电系统是指通过跟踪太阳运动的线性菲涅耳式反射镜,

将太阳辐射聚集到位于菲涅耳镜焦点处的吸热管中，从而产生高温工质并参加热力循环发电的系统。线性菲涅耳式热发电系统的主要部件包括线性菲涅耳式反射镜、吸热管、热传输流体、汽包和汽轮机发电机组等。

线性菲涅耳式热发电系统通常和槽式热发电系统展开竞争，其聚光器采用平面反射镜代替价格昂贵的抛物面槽式反射镜，反射镜紧贴地面，在归位姿态下，反射镜与地平面平行，降低了风载荷进而减少了用钢量。线性菲涅耳式反射镜可以密排布置，用地效率高；它采用水蒸气作热传输流体，价格低，无污染；线性菲涅耳式集热器的吸热管通常采用成本低廉的镀膜钢管或者排管代替真空吸热管，吸热管为固定安装，不易损坏。与槽式集热场相比，线性菲涅耳式集热场整体成本较低，但是效率也较低，它通过牺牲部分效率来降低一次投资成本。

3.2　风能发电

风是由太阳辐射热引起的，太阳照射到地球表面时，地球表面各处受热不同，产生温差，引起大气的对流运动，从而形成风。风能就是空气的动能，全球可开发的风能约为地球上可开发利用水能的 10 倍。人类社会的进步和发展离不开对风能的利用。1891 年，丹麦物理学家希雷姆·普劳斯建成了第一台具有现代意义的风力发电机，发电能力为 25 kW。1941 年，美国史密斯公司建造了世界上第一台兆瓦级风力发电机。20 世纪 80 年代，大型风力发电机逐步实现商业化应用。根据全球风能理事会发布的《全球风能报告 2024》，2023 年全球新增风电装机容量达到创纪录的 117 GW，可见全球风能产业将保持快速发展态势。

3.2.1　风力发电技术

风力发电先把风能转换为机械能，再将机械能转换为电能进行输出。根据安装区域不同，风力发电可以分为陆上风力发电和海上风力发电。

1. 陆上风力发电

陆上风力发电机的组成如图 3-6 所示，主要包含四大部分：风力发电机组、集电线路、升压站、送出线路。其中，风力发电机主要包括机舱、叶片、塔架以及基础。当风吹动叶片时，叶片受到气流的冲击而转动。叶片与发电机轴连接，叶片的旋转带动发电机转子旋转，通过转子与定子之间的电磁感应作用，产生电流，最终将机械能转换为电能。

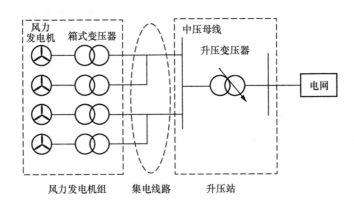

图 3-6　陆上风力发电机的组成

我国风力资源主要分布在"三北"地区，云贵高原和东南沿海地区次之。其中，"三北"地区是我国风电开发的核心区域。受风能资源分布和开发难度等因素的影响，我国陆上风力发电发展过程呈现"从北向南""从戈壁平原到山区""从集中到分散"的特点。根据国家能源局统计数据，截至2022年9月底，我国陆上风力发电累计装机容量已达 3.2 亿 kW，陆上风力发电的度电成本已经与传统化石能源相当。我国建设的西藏措美哲古风电场是世界海拔最高的风电场，解决了极低空气密度、高强度日照、超高海拔、低气压等环境工况难题，填补了超高海拔地区风力发电开发建设的行业空白。2023 年，中广核内蒙古兴安盟 300 万 kW 风电项目全容量投产，是目前我国已建成的单体规模最大的陆上风力发电项目，每年可提供清洁电能超 100 亿 kW·h，等效减少标煤消耗约 296 万 t，减少二氧化碳排放约 802 万 t，相当于植树造林 2.25 万公顷。

2.海上风力发电

海上风力发电机主要包括固定式风力发电机和浮式风力发电机。海上风力发电机的支撑技术主要有底部固定式支撑和浮式支撑两类。底部固定式支撑有重力沉箱基础、单桩基础、三脚架基础 3 种方式。近年来，浮式海上风力发电技术作为新一代海上风力发电技术，获得了许多关注。浮式海上风力发电技术有浮筒式和半浸入式两种方式，主要应用于水深 75 ~ 500 m 的范围。

与陆上风力发电相比，海上风力发电具有风能更加平稳、风力发电机利用率更高、单机装机容量更大等优势。离岸 10 km 的海上风速比陆上高 20% 左右，且海上很少有静风期，风力发电机的发电时间更长，同等发电容量下，海上风力发电机的年发电量能比陆上高 70%。海上风电场不占用土地资源、不扰民，且年利用率更高。

我国海上风力发电虽然起步较晚，但发展较快，已进入规模化开发阶段。截至 2022 年年底，我国海上风力发电累计装机容量已超 3 000 万 kW，连续两年位居全球首位，当前海上风力发电项目平均成本已降至 0.33 元/（kW•h）左右。2023 年 7 月，全球首台 16 MW 超大容量海上风力发电机组在福建并网发电，标志着我国海上风力发电大容量机组研发制造及运营能力再上新台阶。然而，我国近海区的海上资源已经渐趋饱和，海上风力发电必将由近海逐步走向深远海，这将对风力发电机组的研发、制造、安装、运维等提出更高的要求。2023 年 5 月，我国首座深远海浮式风力发电平台"海油观澜号"并入文昌油田群电网，是我国第一个工作海域距离海岸线 100 km 以上、水深超过 100 m 的浮式风力发电平台，使我国海上风力发电的自主研发能力从水深不到 50 m 提升至 100 m 以上。

3. 多能互补发电

风力发电受大气环境因素影响显著，会随着昼夜、季节的变化而呈现出明显的波动性。风能本身不能储存，风力发电机组自身调节能力有限，单独运行的风力发电场对于电力系统负荷变化的匹配能力很弱，要保障电力系统的稳定运行，需要有具备较强调节能力的电源或者储能装置配合运行。多能互补发电可以很好地解决以上问题。多能互补发电是对水能发电、风能发电、太阳能发电、核能发电等多种发电方式进行优化组合配置，使其能够扬长补短，保障电网的安全稳定运行，更好地满足用户需求。

风能和水能互补发电，即结合风力发电和水力发电的特点，通过联合调度使系统效能最大化的运作机制。这两者的互补主要体现在两个方面：一是季节上的互补，二是日内时段的互补。在季节互补上，我国"三北"地区受季风影响最为明显。夏季风速小，风力发电贡献较小，而水电站却处于丰水期，可增大贡献；冬季风速增大，风力发电输出功率较大，而水电站却处于枯水期，贡献减小，这样两者便可形成良好的互补性。在日内时段互补上，利用水电站水库的调节性能，调节水电机组发电，以适应风力发电的短期或短时段的波动性。我国西北地区有黄河上游水力发电基地、甘肃酒泉千万千瓦风力发电基地等。西南地区是水力发电资源最为集中的地区，随着西南地区风力发电快速增长，在贵州、四川等地区具备了水力发电与风力发电互补的优势条件。

风能与太阳能互补发电，可以提高电力系统的综合效益。一方面，白天光照强时风弱，夜间或阴天光弱时风强，因此太阳能和风能在时间上互补性较强；另一方面，风力发电场的占地面积往往较大，而太阳能发电所占面积较小，两者结合可以有效提高土地和可再生能源资源的综合利用率。具体而言，风力发电和太阳能发电互补的应用包括以下几种场景。

（1）偏远的农村地区。我国农村地域辽阔，人口密度低，电力基础设施相对薄弱。风力发电和太阳能发电的互补可以有效解决偏远地区的电力供应问题。位于三峡库区的两坪汇集电站利用风力发电和光伏发电，实现了不同季节、天气情况下的互补，日夜交替的互补。

（2）城市公共照明系统。例如，风光互补路灯的推广应用可以有效助力城市碳减排，一个风光互补路灯，一年可节约用电 1 000 kW·h 以上。按火力发电折算，一年节约标准煤 400 kg 以上，减少二氧化碳排放量 1000 kg 以上。

（3）大型建筑群。例如，位于张家口坝上地区的国家风光储输示范基地，为北京冬奥会张家口赛区冬奥场馆提供了绿色电力保障。

此外，还可以开展"风光火一体化"等多能互补，利用火力发电的灵活调节能力促进风力发电和光伏发电的高效利用。总之，多能互补是能源可持续发展的大趋势，有利于促进新能源消纳和增加可再生能源利用的比重，实现多能协同供应和能源综合梯级利用，提高能源效率。

3.2.2 风能海水淡化

海水成分复杂，除了无机盐离子，还含有许多有机杂质，如塑料、微生物和溶解气体等。目前，海水淡化技术主要有蒸馏法和膜法，其中蒸馏法包含多级闪蒸、多效蒸馏和压气蒸馏等；膜法主要包括反渗透、电渗析等。海水淡化耗电耗能，成本很高。利用风电等间歇性可再生能源出力为海水淡化系统供电，不仅能解决淡水资源短缺问题，还能解决间歇性可再生能源出力的就近消纳问题，减少能源消耗和浪费。

风能海水淡化主要有两种形式：风电海水淡化（分离式）和风力直接驱动海水淡化（耦合式）。分离式是先将风能转换为电能，再驱动脱盐单元进行海水淡化；耦合式是将风能转换的机械能直接用于驱动脱盐单元进行海水淡化。2014 年 5 月，江苏盐城市大丰区拥有了我国首个日产百万吨级独立微电网海水淡化示范工程。该项目的成功建设和运行，对于风能海水淡化厂的建设具有很好的示范作用。

3.3 水力发电

水力发电利用水位落差，配合水轮发电机产生电力，也就是将水的位能转为水轮的机械能，再以机械能推动发电机运转获得电力。国际水电协会 2023 年发布的《世界水电展望》报告显示，2022 年全球新增水力发电装机容量 34 GW，全球水力发电新增装机容量首次超过 30 GW，目前水力发电占全球电力供应比例超过 15%。与核电站、燃煤发电厂和燃气发电厂等其他发电厂相比，水电站运行灵活性较高，可以根据电网需求快速调整发电量，从而提高电力系统的稳定性和可靠性。河流水能的开发按集中水头方式的不同，一般分为筑坝式开发、引水式开发、混合式开发、梯级开发等。

3.3.1 筑坝式开发

拦河筑坝，形成水库，坝上游水位高，坝的上下游形成一定的水位差，使原河道的水头损失集中于坝址。采用这种方式集中水头，在坝后建设水电站厂房,称为坝后式水电站,是常见的一种水电开发方式,如图 3-7 所示。引用河水流量越大、大坝修筑越高,集中的水头越大,水电站发电量也越大,但水库淹没损失也越大。

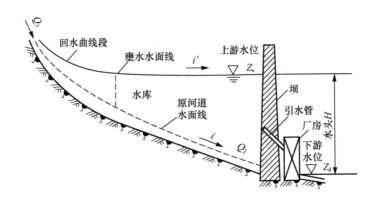

图 3-7 筑坝式水电开发示意

世界上坝后式水电站的发电最大引水流量:我国的三峡水电站为 30 924.8 m/s,巴西伊泰普水电站为 17 395.2 m³/s。坝后式水电站发电水头最大超过 300 m。较高的大坝有:塔吉克斯坦的罗贡土石坝,坝高 335 m;瑞士的大狄克逊重力坝,坝高 285 m;格鲁吉亚的英古里拱坝,坝高 271.5 m;我国的三峡重力坝,坝高 181 m。

筑坝式开发水电,优点是水库能调节径流,发电水量利用率稳定,并能结合防洪、供水、航运,综合开发利用程度高。但工程建设应统筹兼顾综合考虑发电、防洪、航运、施工导流、供水、灌溉、漂木、水产养殖、旅游和地区经济发展等各方面的需要,做好综合规划。

3.3.2 引水式开发

引水式开发是在河道上布置一个低坝,进行取水,并修筑引水隧洞或坡降小于原河道的引水渠道,在引水末端形成水头差,布置水电站厂房开发电能。其引水道为无压明渠时,称为无压引水式水电站(见图 3-8);引水道为有压隧洞时,称为有压引水式水电站(见图 3-9)。

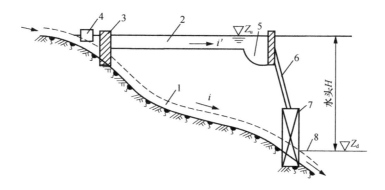

图 3-8　无压引水式水电站示意

1—原河道；2—明渠；3—取水坝；4—进水口；5—前池；6—压力水管；7—水电站厂房；8—尾水渠

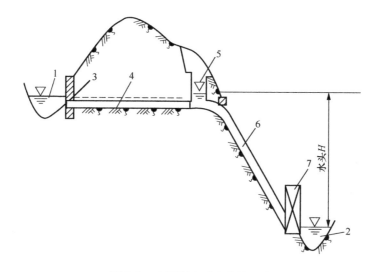

图 3-9　有压引水式水电站示意

1—高河（或河湾上游）；2—地河（或河湾下游）；3—进水口；4—有压隧洞；5—调压室（井）；
6—压力钢管；7—水电站厂房

　　引水式水电站开发的位置、坡降、断面选择，应根据地形、地质和经济情况比较确定。引水道坡降越小，可获得的水头越大。但坡降小，流速慢，需要的引水道断面大，可能使工程量增大而不经济。

　　现在世界上已建的引水式水电站，最高利用水头已达 2 000 m 以上。我国水能资源蕴藏量居世界首位，具有许多开发条件十分优越的引水式水电站地形和场址。国内已建成的引水式水电站，最大水头为 629 m（云南以礼河盐水沟水电站），引水隧洞最长的为 8 601 m（四川渔子溪一级水电站）。

3.3.3 混合式开发

混合式开发兼具前两种方法的特点,在河道上修筑水坝,形成水库集中落差和调节库容,并修筑引水渠或隧洞,形成高水头差,建设水电站厂房,如图 3-10 所示。混合式开发方式既可用水库调节径流,获得稳定的发电水量;又可利用引水获得较高的发电水头,在合适地质地形条件下,它是水电站较有利的开发方式。

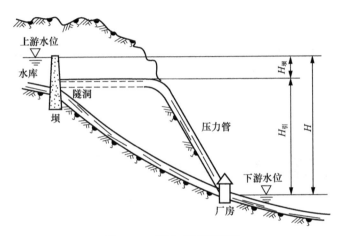

图 3-10　混合式开发示意

3.3.4 梯级开发

水电开发受地形、地质、淹没损失、施工导流、施工技术、工程投资等因素的限制,往往不宜集中水头修建一级水库。因此,常把河流分成几级,分段利用水头,建设梯级水电站。水电梯级开发需要从可持续发展的原则出发,使用系统工程方法权衡利弊,选择最佳开发方案,一般应注意以下几点。

(1)开发应尽可能充分利用水能资源,尽量减少开发的级数。梯级水库上一级水电站的尾水位,与下一级水库的正常水位衔接,或有一定的重叠,以利用下一级水库消落时所空出的一段水头。

(2)对于梯级的最上一级"龙头水库",最好采用筑坝式或混合式开发,并且最好选择为第一期工程开发,以便改善下游各级水库的施工导流条件和运行状况,利用水库调节径流,提高整个梯级的施工进度、发电能力和综合效益。

（3）对梯级开发的每一级和整个梯级从技术、经济、施工条件、淹没损失、生态环境等方面，进行单独和整体的综合评价，选择最佳开发运行方案，实现梯级开发水电能源的可持续利用。

3.4　海洋能利用

海洋能是一种蕴藏在海洋中的可再生能源，以潮汐能、波浪引起的机械能和热能等形式存在于海洋之中。海洋能的主要利用形式包括波浪能发电、潮汐能发电、海洋热能转换、盐度梯度发电等。

3.4.1　波浪能发电

波浪能发电系统是将海洋波浪的动能转换为电能的系统，一般由波浪能转换器（wave energy converter，WEC）系统、动力输出（power take-off，PTO）系统，以及锚泊系统、储能系统等辅助系统组成，其整体结构如图 3-11 所示。其中 PTO 系统包括中间转换系统（含液压涡轮机、气压涡轮机、液压马达、增速齿轮箱等）和发电机。通常情况下，波浪能发电需要经过三级能量转换。第一级能量转换主要是通过振荡体（浮子或摆动装置）与波浪直接接触，达到波浪能捕获的效果。第二级能量转换装置将来自第一级的机械能转换为液压能、气压能，或通过离合装置传递给下一级。最后通过第三级能量转换装置将来自上一级的能量转换为电能。直驱波浪发电技术则利用直线发电机将波浪能直接转换成电能，省去了第二级能量转换过程，可大幅提高波浪能转换为电能的转换效率。对于远海岛礁、海洋牧场等大电网难以接入的地区，波浪能发电极具优势。

根据波浪能发电装置结构的不同，波浪能发电可分为振荡水柱式、点头鸭式、收缩水道式等。振荡水柱（oscillating water column，OWC）波浪能发电装置以空气作为能量转换媒介，是目前主流的波浪能发电装置。振荡水柱利用波浪的起伏带动装置内水柱的振荡，从而压缩其气室内的空气，带动发电机发电，具有结构简单、工作性能可靠和装置寿命长等优点，缺点是第二级能量转换效率较低。点头鸭式波浪能发电装置由鸭体、水下浮体、系泊系统、液压转换系统和发配电系统组成，通过鸭体与水下浮体之间的相对运动捕获波浪能。收缩水道波浪能发电装置则利用喇叭形的收缩水道收集大范围的波浪能，通过增加能量密度的方式提高发电效率，其没有活动部件，可靠性较好，工作稳定，但是对地形有严格的要求，不易推广。

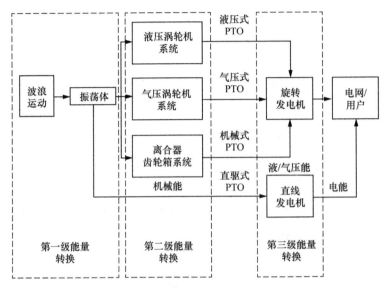

图 3-11　波浪能发电系统的整体结构

全球很多国家都设有波浪能开发试验基地，英国、葡萄牙、澳大利亚等国已经建立了波浪能发电厂并成功供电。我国自 20 世纪 80 年代开始开展相关研究，已在我国近海海域累计部署了 600 多台波浪能发电装置。目前，我国已进入了兆瓦级波浪能发电技术的工程应用阶段，自主研发的首台兆瓦级漂浮式波浪能装置"南鲲号"于 2023 年 6 月在广东珠海成功试运行。

3.4.2　潮汐能发电

潮汐能发电主要利用潮汐水流的移动或潮汐海面的升降获取能量。潮汐能包括潮流能和潮位能，是利用海洋潮汐运动所获得的能量。潮汐发电站一般分为两种类型：潮流发电站和潮位发电站。相比于太阳能和风能，潮汐能具有更高的可预测性和稳定性，可以提供连续的电力供应，且对环境的影响相对较小。

潮流发电是利用潮汐涨落时的水流驱动涡轮机发电。潮流发电站通常设置在海峡或浅海的狭窄通道位置，以增加水流速度，提高发电效率。多数潮流发电装置直接固定于海底，这样更有利于获能的稳定，但如果需要在离岸较远、水位较深的地方安装装置，则需采用漂浮式结构，以便于安装和节约成本。目前，国际上潮流能技术已经商业化应用。欧洲在潮流发电技术上处于主导地位，根据欧洲海洋能组织（Ocean Energy Europe，OEE）发布的《2022 年海洋能产业发展趋势和统计数据》报告，截至 2022 年年底，欧洲潮流发电量已累计达 8 060 万 kW·h。我国潮流发电技术也在快速发展，全球最大单机容量（1.6 MW）潮流发电机组"奋进号"于 2022 年投运，"奋进号"并网后年发电量 200 万 kW，可以满足一个小型村庄一年的用电量需求。

潮位发电是利用海洋潮汐的周期性变化，将潮汐过程中产生的水位差转换为电能。利用潮汐的位能就是营造水头，利用落差发电。在有条件的海湾或潮差大的河口建造堤坝、闸门和水轮发电机厂房，将海湾（或河口）与外海隔开围成水库，对水闸适当进行启闭调节，使库侧水位与海侧潮位形成一定的高度差（即工作水头），从而驱动水轮发电机组发电。具体而言，有以下几种常见的潮位发电技术。

1. 单库单向发电

在海湾出口或河口处，建造堤坝、发电厂房和水闸，将海湾与外海分隔，形成水库。在涨潮时，开启闸门将潮水充满水库；当落潮外海潮位下降时，产生一定的水位落差，利用该落差推动水轮发电机组发电。这种电站只建造一个水库，而且只在落潮时发电，称为单库单向发电。

2. 单库双向发电

为了在涨落潮时都能发电，则须建造单库双向电站。在海湾出口或河口处，建造堤坝、发电厂房和水闸，采用双向发电的水轮发电机组使涨落潮两向均能发电。

3. 双库连续发电

在海湾或河口处建造相邻的两个水库，各与外海用一个水闸相通，一个水库（高水库）在涨潮时进水，另一个水库（低水库）在退潮时泄水，在两个水库之间有中间堤坝并设置发电厂房相连通。在潮汐涨落中，控制进水闸和出水闸，使高水库与低水库间始终保持一定落差，从而在水流由高水库流向低水库时连续不断发电。

3.4.3　海洋热能转换

海洋热能转换(ocean thermal energy conversion, OTEC)利用海洋表层热能和深层冷水之间的温差驱动发电机,将海洋热能转换为电能。OTEC系统通常包括以下主要组件。

(1)海洋热能采集系统:该系统使用海洋表层的温暖表水通过换热器或蒸发器,使蒸发剂在高压蒸发,释放热能。

(2)海洋冷却系统:这个系统通过将深海冷水经过换热器与蒸发剂进行接触,从而使蒸发剂的蒸汽冷凝,释放出冷气和冷凝热。

(3)基于温差的发电机:将通过蒸发和冷凝过程产生的高压蒸汽送入涡轮机,驱动涡轮机旋转,然后通过发电机将机械能转换为电能。

OTEC技术具有许多优点。首先,海洋热能是一种可再生能源,能持续利用。其次,由于海洋覆盖了地球表面的70%以上,尤其是热带和亚热带地区的温度差异较大,OTEC具有巨大的发电潜力。最后,与风能和太阳能等间歇性能源相比,OTEC系统可以提供持续稳定的能源供应,不受昼夜或季节变化的影响。

然而,OTEC技术也面临一些挑战。例如,温差效率不高,导致能量转换效率较低;建设和运营成本相对较高,需要大量资金投入;此外,OTEC系统的建设和运营可能会对环境产生一定影响,需要谨慎考虑。尽管面临这些挑战,但随着技术的不断进步和成本的降低,OTEC技术仍然被视为一种具有巨大潜力的清洁能源解决方案。

3.4.4　盐度梯度发电

盐度梯度发电是一种利用淡水和盐水之间的盐度差异来产生电能的技术。在盐度梯度发电系统中,盐水和淡水被分隔在两个截然不同的区域内,这两个区域通过半透膜相连。由于浓度差异,盐水中的离子会通过半透膜流向淡水一侧,而这个过程会释放出储存在盐水中的能量。

这种能量释放可以通过不同的方式进行利用,其中最常见的方式是利用这种能量推动盐水侧的液体驱动涡轮或推动电池来产生电能。这种技术可以应用于许多场景,例如海水和江河的交汇处、海水淡化厂等。

盐度梯度发电技术主要有渗透压法、渗析电池法和蒸汽压法 3 种。

1. 渗透压法

渗透压法发电原理是使用涡轮机和发电机将两种进料溶液之间的渗透压能转换为电能。渗透压法发电系统中有一个半透膜，该膜将浓缩溶液和稀溶液分开，渗透液（水）流入浓缩进料室，产生的压力用于驱动涡轮机发电。因此，这种方式产生的电力与两种进料溶液之间的浓度差直接相关。

2007 年，挪威第一次成功将这种渗透压能运用在发电上。挪威国家电力公司研制出了世界上第一台渗透压能发电机，还计划在将来修建一座渗透压能发电站。

2. 渗析电池法

渗析电池法，也称为逆电渗析（reverse electrodialysis，RED），是一种利用不同浓度盐溶液间的化学电位差来转换为电能的技术。其基本原理是，通过在不同浓度的盐溶液之间放置离子交换膜，利用离子浓度差导致的离子迁移将化学能转换为电能。尽管 RED 系统在实验室中的研究取得了显著的进步，但该技术工业可行性仍需要进一步研究。

2014 年，第一个利用浓缩盐水和咸水作为原料液的 RED 示范工厂在意大利特拉帕尼建成。该示范工厂安装了约 400 m² 的膜装配面积，使用模拟盐水和咸水体系，达到近 700 W 的功率容量。而在使用实际溶液时，电力输出下降了50%，这是杂质离子在普通离子交换膜中的非选择性传递以及对膜电阻的负面影响造成的。

3. 蒸汽压法

蒸汽压法发电是一种利用盐度梯度的能量来产生蒸汽压，并通过蒸汽压驱动发电机来产生电能的技术。这种发电技术通常涉及两个容器，一个容器中是淡水，另一个容器中是盐水。两个容器之间有一条连接的管道，管道中间有一种特殊设计的薄膜或半透膜。当盐水和淡水通过管道相互交流时，盐度梯度会引起蒸汽压的差异。蒸汽压差会导致蒸汽从高压区域流向低压区域，进而驱动发电机产生电能。蒸汽压法最大的优点是不需要使用任何膜，水表面本身就可以起到渗透的作用，因此不存在与膜的退化、膜价格昂贵等有关的问题。但是蒸汽压法的装置庞大，费用昂贵，使其无法与渗透压法及渗析电池法相竞争，

因此一直没有得到很好的发展。

3.5 生物质能利用

生物质是指通过光合作用形成的各种有机体,而生物质能则是太阳能以化学能形式储存在生物质中的能量形式。生物质能作为一种洁净且可再生利用的能源,是唯一可以替代化石能源转化成气态、液态和固态燃料以及其他化工原料或者产品的可再生资源。

3.5.1 生物质能发电

生物质能的发电方式主要有生物质直接燃烧发电、生物质气化发电和生物质沼气发电3种。

1. 生物质直接燃烧发电

生物质直接燃烧发电通过直接燃烧农林废弃物进行发电,是目前生物质发电的主要方式。生物质经收集和预处理后,被输送进锅炉进行燃烧,该过程将化学能转换为热能,从而带动汽轮机工作(热能再转换为机械能),最后由发电机将机械能转换为电能。

适用于生物质直接燃烧发电的锅炉形式主要有往复炉排炉、链条炉排炉、水冷振动炉排炉和循环流化床锅炉等。

(1)往复炉排炉

往复炉排由固定不动的炉排和可以往复移动的炉排件组成,可活动的炉排件将燃料推向后部以逐步燃烧。往复炉排炉结构简单、制造方便,但由于其自身的固有属性和设计特点导致炉排件的冷却条件不好,通常不适合燃烧挥发物低、含碳量高的燃料。

(2)链条炉排炉

链条炉排的结构特点是炉排如同皮带运输机一样自前向后地缓慢移动。燃料从料斗投入落在炉排上,随炉排一起前进,风机将空气从炉排的下方吹入炉内,从而使空气和燃料混合燃烧。燃料在炉内完成干燥、燃烧过程后,炉渣随着炉排向后移动。链条炉排炉造价和运行成本低,但其热效率较低,对负荷变化的适应性较差。

（3）水冷振动炉排炉

水冷振动炉排炉主要用于燃烧麦秆类生物质，是国内生物质直接燃烧发电项目中最常采用的锅炉。其主要结构特点是锅炉炉底设有水冷炉排片、炉排支撑和驱动装置，炉排下部设有峰室。炉膛下部空间的截面积大，形成较大的燃烧区域；炉膛上部空间的截面积收窄，为燃料的燃尽区域。在炉膛燃烧区域布置二次风和燃尽风以提高燃烧效率，而屏式过热器和喷水减温器布置在炉膛顶部。水冷振动炉排炉特殊的结构和冷却方式，有效解决了炉排的过热问题。

（4）循环流化床锅炉

循环流化床燃烧技术兴起于 20 世纪 80 年代，具有燃烧效率高、污染物排放量低、热容量大等优点。生物质燃料经破碎机破碎至合适的粒度后，经给料机从燃烧室布风板上部送入循环流化床密相区，与炉膛内的沸腾床料混合，被迅速加热，燃料迅速着火燃烧，在较高气流速度的作用下充满炉膛，并有大量固体颗粒被携带出燃烧室，经旋风分离器分离下来的物料通过返料装置重新返回炉膛继续燃烧。循环流化床锅炉内的惰性床料（如石灰石、灰或沙子等）占炉内全部物料的 97% ～ 98%，燃料在床内强烈的湍流流动以及炉内较长的停留时间，使得循环流化床锅炉能够稳定、高效地燃烧燃料。中国科学院工程热物理研究所与济南锅炉集团有限公司设计制造了超高压再热生物质直燃循环流化床锅炉，锅炉热效率可达到 91.25%，发电效率达到 37%。

2. 生物质气化发电

生物质气化发电是生物质能利用的一种重要形式，其基本原理是将生物质燃料在气化装置中气化成可燃气体（一氧化碳、氢气等），之后将净化后的可燃气体输送至燃煤锅炉中燃烧，通过水蒸气或空气等介质将化学能转换为动能，带动蒸汽机、内燃机或燃气轮机运转，并进一步通过发电机组将动能转换为电能。与生物质直接燃烧发电相比，生物质气化发电具有规模灵活、效率稳定、可实现多联产的特点。无论是大型发电厂，还是边远地区的小型发电设备，生物质气化发电都具有较好的适应性。生物质气化发电通过燃烧燃气产生热量进行发电，可以避免由于原料差异所造成的燃烧效率的波动，因而发电效率相对稳定。生物质气化炉是生物质气化发电系统的核心组成部分，直接关系生物质能的利用效果和效率，主要包括固定床气化炉、流化床气化炉、气流床气化炉等类型。

（1）固定床气化炉

固定床气化炉内具有不同的反应区，物料依次经历干燥、热解、氧化和还原等反应阶段，最终转化为合成气。根据可燃气流动方向的不同，可分为上吸式固定床气化炉和下吸式固定床气化炉。上吸式固定床气化炉的物料和气化介质对向流动，物料由于重力作用由上而下进入反应器并在反应器内移动，而气化介质则由下而上流动。物料在下落过程中依次经过干燥、热解，生成半焦、焦油和合成气，并在还原区内遇到由下而上的、发生氧化反应后的空气或者氧气的气流，进一步重整生成合成气。合成气随着气流向上流动并从上端流出反应器，而剩下的焦炭进一步下落至氧化区与流入的空气发生氧化反应，释放热量并产生一氧化碳、二氧化碳等气体后成为灰渣，最后落入反应器底部。

下吸式固定床气化炉与上吸式固定床气化炉的区别主要在于反应器内的氧化区和还原区位置相反。在下吸式固定床气化炉中，物料从上部进入反应器后依次经过干燥、热解，之后产生的半焦、焦油和合成气与从此处进入的空气或氧气发生剧烈的氧化反应，产生大量二氧化碳、水蒸气和热量，这些二氧化碳和水蒸气随着氧化不完全的焦炭进一步下落进入还原区，在还原区发生重整还原，形成合成气从格栅内部流出反应器，而剩余的灰渣则落入反应器底部。在下吸式固定床气化炉中，半焦和焦油都与氧气直接反应，因此去除较为完全，相较于上吸式固定床气化炉更具优势。

（2）流化床气化炉

流化床气化炉内各部分的温度和物质分布较为均匀，没有和固定床气化炉内一样明显的反应分区，仅由布风板和燃烧室等组成。流化床气化炉内固态颗粒呈现流化状态，因此物料之间以及与气化介质之间的接触较为均匀。根据流化床气化炉内气固流动特性的不同，流化床气化炉可以分为鼓泡流化床气化炉和循环流化床气化炉。鼓泡流化床气化炉中气体从流化床气化炉底部的布风板进入，在呈现流化状态的固体颗粒物料中以鼓泡的方式由下而上运动，最终裹挟产生的合成气从流化床气化炉上部流出反应器。这种流化床气化炉中的气体流动速度相对较慢，因此物料可以均匀充分地在反应器中与气化介质反应并气化产生合成气，合成气的成分也比较均匀，产气效率也较高。但缺点在于可能会产生较大的气泡，导致气体绕过反应层不参与反应。

循环流化床气化炉的气流速度较快，由下而上的气流会裹挟部分未能反应的流化态颗粒从反应器上部送出反应器，再通过旋风分离器重新送入流化床气化炉中进行反应。由于循环流化床气化炉会持续将未反应完全的颗粒重新送入反应器中，因此具有很高的气化效率，也比较适合快速反应。但是相对于鼓泡流化床气化炉来说，循环流化床气化炉在流动方向上存在一定的温度梯度，其物料的分布并不完全均匀，热传导效率也相对较低，因此合成气的成分未必完全均匀。为了保证旋风分离器的正常工作和流化床气化炉内热传导的顺利进行，循环流化床气化炉对于物料颗粒的粒径分布要求较为严格。

（3）气流床气化炉

气流床气化炉又被称为携带床气化炉，由气流携带生物质颗粒通过喷枪喷入炉膛，并在高温下迅速与气化介质发生反应，气化生成合成气和灰渣，再通过分离器将灰渣分出，合成气继续送入气体净化装置。由于极为苛刻的裂解条件和分级气化的工艺流程，因此，在气流床气化炉中生物质气化产生的合成气几乎不含任何焦油，品质较高，同时气化效率也很高。但是气流床气化炉昂贵，且极高的生物质颗粒粒径要求和苛刻的反应条件使得运行成本也较高，在实际产业化运行中仍有很多问题亟待解决。

总体上，固定床气化炉结构相对简单，无论是建设成本还是运行成本都比较低，在规模较小的发电项目中应用较多；流化床气化炉则大多被用于一些规模相对较大的发电项目中；气流床气化炉的技术成熟度和经济可行性有待进一步提升。

3. 生物质沼气发电

生物质沼气是一种清洁环保的可再生能源。利用生物质沼气发电，同时充分利用发电过程中的余热资源，是发展绿色循环经济、实现农牧业可持续发展的重要途径。生物质沼气发电就是利用秸秆、稻草、蔗渣、木糠、人畜粪便等有机物质发酵成沼气后燃烧，燃烧产生的热量使水蒸气带动汽轮机发电。

一般来说，一个完整的大中型沼气发电工程的工艺流程包括原料收集、原料预处理、厌氧消化、出料的后处理、沼气发电等。

原料收集:沼气发电需要有充足、稳定的原料供应,这也是厌氧消化工艺的基础。

原料预处理:原料中常混杂有生产作业中的各种杂物,预处理可以减少原料中的悬浮固体含量,防止用泵输送及发酵过程中出现故障,而且预处理还可以根据需要做好原料进入消化器前的升温或降温工作。

厌氧消化:此步骤的合理操作有助于得到甲烷和二氧化碳比例含量适中、杂质较少的沼气。厌氧消化是一个复杂的进程,可概括为3个阶段。第一阶段,在水解与细菌发酵的作用下,粪污中的碳水化合物、蛋白质与脂肪转化为单糖、氨基酸、脂肪酸、甘油、二氧化碳和氢等;第二阶段,第一阶段的产物在菌的作用下转化成氢、二氧化碳和乙酸;第三阶段,经过两组生理上不同的产甲烷菌的作用,将氢和二氧化碳还原为甲烷和水,将乙酸转化成甲烷和二氧化碳。

出料的后处理:处理出料的方式多种多样,最简便的方法就是直接施入农田或排入鱼塘当作肥料使用,考虑到施肥的季节性和单位面积的施肥限制等因素,这类工程需要养殖场周边有足够的农田、鱼塘和植物塘等,以便能够完全消纳厌氧发酵后的沼渣、沼液,使沼气利用工程成为生态农业园区的纽带。

沼气发电:将厌氧消化过程产生的沼气进行收集、净化后送入沼气发电机组,在收集、净化、输送系统上布置有温度、气体浓度、流量等测量元件,并布置有安全阀、阻火器等安全设施。进入发电机组的沼气经防爆电磁阀和调压阀进入机组气缸、由火花塞点火,混合气体燃烧做功,带动发电机发电,经变压器升压后并入城市电网,做功后的废气经机组排气口排出。

3.5.2 生物质能清洁供热

生物质能清洁供热是指生物质气化生成的生物燃气进入燃烧器中燃烧以释放热量供热,根据地域需要可分为集中供热和分散供热。其中,分散供热是指每个用户都有独立的热源和热网,热源主要为燃气壁挂炉;集中供热则是指将热源生产的蒸汽通过管网给整个区域用户供热的方式,在该方式下,生物燃气直接进入锅炉燃烧,不需要对燃气进行净化和冷却,生物燃气中所含焦油可以直接作为原料进行燃烧,因此整个热源系统相对简单,热利用率高。

生物质能供热按照供热方式和特点不同可分为生物质热电联产供热、生物质锅炉供热、生物质炉具供热和生物质余热回收供热。

1. 生物质热电联产供热

生物质热电联产分为生物质直燃、混燃、垃圾焚烧、垃圾填埋气和沼气等形式。生物质热电联产结合城乡资源的合理布局，能有效带动资源的高效利用，满足区域的用电、供热需求。受大气污染攻坚行动影响，燃煤受到一定程度的限制，生物质热电联产将成为重要的区域性清洁供热方式。

2. 生物质锅炉供热

生物质锅炉经过改良，热值转换效率不断提高，其供热的各项技术已趋向成熟，较燃煤锅炉有良好的环保性能。生物质锅炉供热形式相对灵活、污染物排放少、运行成本适中，可在非集中供暖或偏远地区开展分布式供热。

3. 生物质炉具供热

生物质炉具通过将水加热，循环供应来提高室温，主要适合普通农村及偏远山区家庭户使用。炉具成型燃料多为颗粒状或压块状，使用时，人工定时向料斗添加燃料并清灰，操作简便。

4. 生物质余热回收供热

生物质余热回收供热是利用生物质发电、生物质加工等过程中产生的余热，通过余热回收系统进行回收利用，用于供热。常见的生物质余热回收供热设备有余热锅炉、余热换热器等。通过两级换热器，将电厂烟气的余热用来加热空气和热水。可根据需要通过将热风或热水串联的方式得到最高温度约为 120 ℃的热产品。根据当地农业的特色，可以将余热最终应用于家庭生活热水、干燥、种植、畜牧及沼气发酵等行业。

3.6 地热能利用

地热能是地球内部以热的形式蕴藏的能量，其主要来源是地球的熔融岩浆和内部放射性物质衰变。按照分布位置和赋存状态，当前技术经济条件下可开采的地热能资源主要分为浅层地热能、水热型地热能和干热岩型地热能。浅层地热能主要是地表以下 200 m 深度范围内，蕴藏在地壳浅部岩土体和地下水中温度低于 25 ℃的低温地热资源。水热型地热能是埋深数千米的地下热水或蒸汽中所蕴含的地热资源,是目前地热勘探开发的主体。干热岩型地热能是温度大于180 ℃,埋深数千米,内部不存在流体或仅有少量地下流体(致密不透水)的高温岩体资源。地热能的开发利用分为直接利用和地热能发电两种。

3.6.1 地热能直接利用

对于浅层地热能资源以及中低温的水热型地热能资源,通常以直接利用为主。根据世界地热大会的统计数据,截至 2020 年年底,我国地热能直接利用装机容量达 40.6 GW,占全球的 38%,连续多年位居世界首位。地热能直接利用的主要方式有地源热泵、地热供暖、地热制冷、地热干燥等。

1. 地源热泵

地源热泵是目前开发浅层地热能最有效的方式,主要通过利用地下较小的温度波动和丰富的能量存储,在夏季利用热泵设备储存地下的热量并同时获取冷能,冬季则提取地下的热量用于供暖并同时储存冷能,从而达到室内环境在夏季制冷、冬季供暖的目的。地源热泵系统将冷凝器或蒸发器直接置于地下,从而产生和传递热量,通常使用水或水与防冻剂的混合液作为介质,介质在封闭循环系统中流动,与地面实现有效的热交换。其工作原理如图 3-12 所示,包含 3 个独立的回收循环系统:地下回收系统、热泵机组回收系统以及室内回收系统。

(1)地下回收系统

在冬季为建筑物供热时,从热泵出口流出的低温回收介质通过地下换热器与地面进行热交换,吸收地面的热能,并将温度升高后的介质送入热泵入口。在热泵机组内,介质通过压缩机与制冷剂进行热交换,导致其温度降低,然后再流回地下换热器进行循环。

(2)热泵机组回收系统

该系统中的工质在热泵机组内蒸发并变成气态,之后存储于冷凝器并

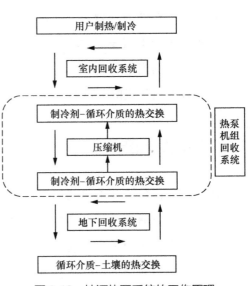

图 3-12　地源热泵系统的工作原理

通过压缩机压缩成液态。工质在释放热量给室内环境后，通过调节阀调节并进入蒸发器蒸发，完成整个热交换循环。

（3）室内回收系统

工质在冷凝器中与热泵交换热量，温度升高后为建筑物供暖。

这 3 个系统协同作用，实现了从地面到建筑物的热能转换。在制冷模式下，工作流程与供热时相反。此时，将冷凝器接入地下水管道，工质将热量散发至地下水；同时，将蒸发器与空调水连接，工质则吸收其中的热量。这一过程使得系统能在夏季为建筑物提供制冷。

2. 地热供暖

地热供暖是指利用地下稳定的温度来提供恒定的热能。相比传统的供暖方式，地热供暖使用的能源来源更加环保且稳定，能够有效地提高供暖的效率，同时降低负担和运行成本。地热供暖系统主要由地热回路、地热换热器和室内设备等组成。地热回路是将地下的热能物质通过一定的循环管路带到地热交换器，并将产生的热能转移到循环的换热介质上。地热换热器则起到将热能传至室内设备的作用。室内设备可以是各式各样的供暖器、暖气片等，用于在室内空间中将热能释放出来，实现供热效果。

3. 地热制冷

地热制冷是指利用地下的恒定温度来实现制冷效果。它通过地下的地热回路将热量传输到地下，从而降低空气温度。地热制冷系统通常由地热换热器、制冷机组和冷却系统组成。首先，地热换热器通过水循环将地下的热量吸收到制冷剂中。然后，制冷机组通过循环流动的制冷剂将从地下吸收的热量带到室内，并通过压缩和膨胀过程来实现制冷效果。最后，冷却系统将室内的热空气引入制冷机组，经过制冷循环后将冷空气送入室内，从而实现制冷效果。

4. 地热干燥

地热干燥是指利用地下的恒定温度和热量来加速湿物质蒸发和干燥的过程。地热干燥系统通常由地热换热器、热空气循环系统和湿物质处理设备三部分组成。首先，地热换热器通过水循环将地下的热量传输到空气中，使空气升温并将热量带到湿物质表面。然后，热空气循环系统将加热后的空气循环引导到湿物质的接触面上，加速湿物质的蒸发和干燥过程。最后，湿物质处理设备将干燥后的物质分离和收集。相比传统的干燥方法,地热干燥能够节约能源消耗和运行成本,同时减少对环境的负面影响。

3.6.2 地热能发电

地热能发电是以地下热水和蒸汽为动力源的一种新型发电技术,其基本原理与火力发电类似,也是根据能量转换原理,首先把地热能转换为机械能,再把机械能转换为电能。对于高温水热型地热能资源,地热能发电则是价值更高的利用方式。根据地热能特点及开采方式的不同,地热能发电可以分为地热蒸汽发电、地下水热发电、地下热岩石发电和联合发电 4 种方式。

1. 地热蒸汽发电

地热蒸汽发电主要分为背压式与凝汽式两种不同的发电技术,具体的工作原理是将蒸汽井中含有的干蒸汽引出,进而开展相关的净化工作。这时,分离器中会产生一些固体杂质,而汽轮发电机则在蒸汽能源的推动下,产生相应的电力能源。二者之间的差异在于排汽方式不同,背压式发电技术直接将做功后的气体排入大气,而凝汽式发电技术是将做功后的气体排入凝汽器后冷却成水。地热蒸汽发电方式简单,但高温蒸汽多存在于较深的地层,开发难度大。

2. 地下水热发电

地下水热发电在具体的应用过程中可分为闪蒸法和中间介质法两种不同的发电方法。闪蒸法发电的原理是将地热井中含有的热水引出,并将引出的热水输送到闪蒸器中进行相关的处理后产生蒸汽,再引入汽轮机中做功进而产生电能。在产生电能后,这部分蒸汽便会排入混合式凝汽器中进行冷却,最终被排入冷却塔中。此外,分离器在这个过程中会将自身含有的含盐水排放到地下,或引入闪蒸分离器中,进一步催生蒸汽发电。闪蒸法发电在具体应用的过程中还可分为单级、两级以及全流法等。闪蒸法发电设备尺寸较大、耐腐性较差、热效率较低以及对热水温度有着极高的要求。

中间介质法发电的具体原理是,充分利用热交换器,对一些低沸点的工质进行加热处理,使其成为可供发电使用的蒸汽,再将这类蒸汽用作推动汽轮机工作的动力,以此来产生相应的电能。相对于闪蒸法发电来说,中间介质法发电的应用需要更大的资金投入,且相关设备的运行更为复杂。

3. 地下热岩石发电

地下热岩石发电目前应用较多的是干热岩发电模式。干热岩发电的过程是，打井至地壳深处的干热岩体，通过注入井将水注入，水与地下热储进行热交换之后从生产井抽出，输入到热交换器中，这时汽轮发电机便会受到热交换器的推动，热能便开始逐渐转换为电力能源，发电之后将水注入生产井进行循环使用。干热岩发电在具体应用时，主要在温度超过 150 ℃的岩石储层进行热能开采等工作。从实际情况来看，这类发电系统在发电过程中并不会产生工业废水以及废气，有很好的未来应用前景。

4. 联合发电

为了充分利用地热能资源，可以将多种发电技术的优势进行综合，提升发电技术的运行效率。例如，在具体的应用过程中，可以将蒸汽与地热两种能源充分地利用起来，这十分适用于高温流体发电。一般情况下，当发电流体的温度大于或等于 120 ℃时，便可应用双工质发电系统进行二次做功，进而将流体自身的热能更加充分地利用起来，不仅能够有效提升地热发电效率，还可对水资源进行二次利用，从而产生良好的经济效益和环境效益。例如，将闪蒸系统和双工质系统联合，即通过扩容式蒸汽系统对高温阶段的地热水进行发电，在地热水温度不满足扩容发电运行条件时，采用双工质循环进行发电，能够有效提高发电效率。

3.7 储能

储能是指将能量储存在一个系统中，以便在需要时进行释放和利用的技术。可再生能源快速增长，但其具有间歇性、波动性和不确定性等特点。在此情况下，储能被视为推动可再生能源有效整合的解决方案之一，它能够确保可再生能源可靠、有效地集成到电力系统中，实现能源持续利用。储能主要分为电储能与热储能两大部分。其中，电储能又可以分为机械储能、电磁储能和电化学储能等。

3.7.1 机械储能

机械储能是利用动能或势能来存储和释放能量的技术，主要包括抽水蓄能、压缩空气储能和飞轮储能。

1. 抽水蓄能

抽水蓄能利用水的重力势能进行能量储存和释放，通常应用于电力系统中，是当前储能规模最大（GW级）、技术最成熟、使用寿命最长（50年左右）和经济性最优［成本0.21～0.25元／（kW·h）］的机械储能技术。抽水蓄能电站能够快速响应电力需求变化，承担区域电网调峰、填谷、储能、调相等任务，进一步改善电网供电质量，支持电网安全、稳定运行。截至2023年年底，我国抽水蓄能累计投产规模突破5 000万 kW。目前，我国抽水蓄能项目机组呈现高水头、大单机容量、宽负荷、可变速等趋势。例如，敦化蓄能电站在国内首次实现700 m级超高水头、高转速、大容量抽水蓄能机组的完全自主研发、设计和制造；阳江蓄能电站实现了40万 kW级单机容量、700 m高水头抽水蓄能机组全自主化制造；丰宁蓄能电站是世界装机容量最大的抽水蓄能电站，在国内首次引进使用变速机组技术。此外，我国西北地区抽水蓄能投产也已实现零的突破，西北首座百万千瓦级大型抽水蓄能电站——新疆阜康抽水蓄能电站于2024年全面投产发电，有效提高了电网调节能力，促进了新能源消纳，为新疆电网和西北电网提供了更加安全可靠、灵活高效、绿色清洁的电力保障。

2. 压缩空气储能

压缩空气储能是以高压空气压力能作为能量储存形式，并在需要时通过高压空气膨胀做功来发电的技术，具有储能容量大、储能周期长、系统效率高等优点。目前，全球有两座大规模（100 MW级）传统压缩空气储能电站投入商业运行，分别位于美国和德国。但传统压缩空气储能的效率相对较低，需要天然气等化石燃料提供热源，且需要在特殊地理条件下建造大型储气室。因此，国内外学者在传统压缩空气储能的基础上，通过采用优化热力循环等方法，研发出了多种新型的压缩空气储能方案，主要包括蓄热式压缩空气储能、液态压缩空气储能、超临界压缩空气储能等。我国在新型压缩空气储能领域已处于国际先进水平。中国科学院工程热物理研究所是国内最早开展压缩空气储能研究的机构，并于2013年、2016年、2021年分别建成国际首个1.5 MW级、10 MW级、100 MW级先进压缩空气储能系统。其中，山东肥城10 MW储能系统的最高储能效率达60.7%，河北张家口100 MW储能系统的储能效率达70.4%。

目前，我国压缩空气储能已从单机 100 MW 级向 300 MW 级推进，已攻克 300 MW 级先进压缩空气储能系统宽工况轴流 - 离心组合式压缩机技术、300 MW 级先进压缩空气储能系统高负荷轴流透平膨胀机技术等关键技术。

3. 飞轮储能

飞轮储能是指利用电机带动飞轮高速旋转，在需要的时候再用飞轮带动发电机发电的储能技术。作为飞轮储能电源系统中的核心部分之一，电机既是电动机也是发电机，"充电"时，作为电动机给飞轮加速，将电能转换成机械能；"放电"时，作为发电机将机械能转换成电能，给外部供电。飞轮储能具有功率密度高、充放电响应速度快、使用寿命长、无环境污染等优势，在短时高频领域有很好的应用前景，是实现电压稳定、频率调节的重要技术。飞轮储能已有超过 50 年的研发和应用历史，美国在 20 世纪 90 年代中后期率先进入产业化发展阶段。我国飞轮储能研发虽然起步相对较晚，但近年来发展迅速。2022 年拥有了首台具有完全自主知识产权的兆瓦级飞轮储能装置。2023 年 6 月，国内首个"飞轮储能 + 百万千瓦级中间二次再热火电机组联合调频"项目在山东莱芜正式投运，高 1.5 m，直径 50 cm 的大型电陀螺高速旋转，转速最高可达 15 000 r/min。2023 年 12 月，全球规模最大的飞轮 + 磷酸铁锂电池混合储能项目完成一期项目储能设备吊装，该项目采用 50 MW 预制集装箱式高速磁悬浮飞轮储能装置 +50 MW 磷酸铁锂电池，其中高速磁悬浮飞轮的最高转速可达 30 000 r/min。目前，飞轮储能项目正沿着十兆瓦、几十兆瓦、百兆瓦级方向快速升级。

3.7.2　电磁储能

电磁储能是将能量直接以电能的形式储存在电场或磁场中，没有能量形式的转换，效率高、持续放电时间短且难以提高，是典型的功率型储能技术，包括超级电容器储能、超导磁储能等。

1. 超级电容器储能

超级电容器又称双电层电容器，采用特殊电极结构，使电极表面积成万倍的增加，从而产生极大的电容量，具有功率密度高、循环寿命长、充放电速度快、安全性能好等优点。超级电容器能量密度较低，适合与其他储能手段联合使用。超级电容器储能开发已有 50 多年的历史,近 20 年来技术进步很快,其电容量与传统电容相比大大增加,达到几千法拉的量级,而且比功率密度可达到传统电容的 10 倍。目前,超级电容器基础研究主要聚焦电极材料、水系超级电容器、柔性超级电容器、金属离子电容器等方向。近年来,我国超级电容器领域的基础研究、技术研发和集成应用均进展显著,超级电容器储能已进入工程示范阶段。2022 年,三峡乌兰察布兆瓦级锂离子电池 / 超级电容器混合储能系统并网示范运行,混合储能系统包括 1 MW/0.1 MW·h 超级电容器和 0.5 MW/1 MW·h 锂离子电池,锂离子电池负责削峰填谷及响应调频持续分量,超级电容器负责响应调频随机分量与脉动分量。2023 年,国内首套 100 kW 光伏发电可变惯量装置在河北电力科技园并网成功,使用超级电容模组作为能源可以实时跟踪电网频率变化并调整惯性时间常数。

2. 超导磁储能

超导磁储能将电能以磁场能的形式储存于超导磁体,具有功率密度高、响应速度快、循环次数多、运行寿命长等特点,在平抑新能源短时出力波动、补偿暂态功率失衡、提高系统电能质量、增强暂态稳定性等方面具有显著优势。因此,超导磁储能在新型电力系统领域将有着巨大的应用潜力。超导储能线圈是超导磁储能系统的核心部件,由在一定条件下具有超导特性的导体绕制而成,可以在一定条件下无阻、无损地承载稳态直流大电流,是系统中的电磁能量存储单元。使用低温超导材料的超导磁储能系统需要工作于液氦温区。因液氦资源紧缺、制冷成本高,虽然 100 MJ 的低温超导磁储能系统已经研制成功,但仍然未能获得推广应用。高温超导材料因为临界温度的提高,可以在低价的液氮环境中工作,因此应用更加广阔。目前,高温超导体的临界磁场远高于低温超导体,其导线制作技术处于发展期。为了在电力系统中实现超导磁储能的规模化应用,还需要进一步提高超导导线的性价比、冷却系统的效率,以及整个超导磁储能系统的可靠性。

3.7.3 电化学储能

电化学储能通常也被称为电化学电池,能够将电能转化为化学能存储起来,在需要时再利用化学反应将化学能转化为电能释放出来,可实现从化学能到电能的可逆、重复转换。铅蓄电池、锂离子电池、液流电池等均为电化学储能。

1. 铅蓄电池

铅蓄电池技术成熟、成本较低、安全性高，但存在能量密度较低、循环寿命短和充放电倍率小等不足。近年来，铅蓄电池的研发重点在铅炭电池，通过在负极添加高活性的炭材料，可以有效抑制部分荷电态下因负极硫酸盐化引起的容量快速衰减，可有效提升循环寿命，并提高电池的快速充放电能力。目前，铅炭电池在 $6 \sim 8$ h 以上的较长周期储能应用中有一定竞争力，已经进入商业化应用阶段。我国已建成铅炭电池储能电站十余座。2023 年，江苏长强钢铁有限公司用户侧储能电站顺利并网投运，该电站装机规模为 25.3 MW/243.3 MW·h，是目前国内用户侧单体最大的铅炭电池储能项目。

2. 锂离子电池

锂离子电池能量密度较高、循环寿命长、效率高、响应速度快，是目前发展最快的新型储能技术。高比能、高安全、低成本、长寿命指标是当前锂离子电池研发的重点。对于高能量密度锂离子电池，短期内主要通过对现有材料体系的迭代升级和电池结构革新来实现。从长期来看，由于磷酸铁锂离子电池能量密度上限较低，因此锂离子电池的研发路线将朝多元化方向发展，如固态锂离子电池、磷酸锰铁锂电池、锰基储能锂离子电池等。储能锂离子电池进一步向大容量电池方向发展，宁德时代、中创新航等均推出了应用于储能领域的 300 A·h 以上大容量电芯产品。根据国家能源局数据，截至 2023 年年底，我国已投入运营的锂离子电池储能占新型储能的 97.4%，处于绝对主导地位，100 MW 级锂离子电池储能系统已成常态。2023 年，国内最大的光储融合治沙电站"甘肃武威 500 MW+103.5 MW/207 MW·h 新能源示范项目"完成了一期并网；全球单机功率最大（单机 20 MW）电化学储能系统——华能上都 35 kV 高压直挂储能系统实现满功率运行；全国最大电网侧共享储能电站——三峡能源山东庆云储能电站全面投入商业运行，总装机规模达到 301 MW/602 MW·h。

3. 液流电池

液流电池通过正、负极电解质溶液活性物质发生可逆氧化还原反应（即价态的可逆变化）实现电能和化学能的相互转换。在液流电池中，储能活性物质与电极完全分开，功率和容量设计互相独立，易于模块组合和设置电池结构；

电解液储存于储罐中不会发生自放电；电堆只提供电化学反应的场所，自身不发生氧化还原反应；活性物质溶于电解液，电极枝晶生长刺破隔膜的危险在液流电池中大大降低；同时，流动的电解液可以把电池充电／放电过程产生的热量带走，避免由于电池发热而产生的电池结构损害甚至燃烧。因此，液流电池储能技术具有安全性高、寿命长、功率和容量单元配置灵活等特点，在大规模长时储能领域极具优势。近年来，我国液流电池储能技术取得了快速发展，如实现了低成本、高性能的非氟阳离子传导膜的大面积制备，大幅降低了碱性锌铁液流电池电堆的成本；突破了高能量密度锌溴液流电池关键技术，成功集成出 30 kW 级的锌溴液流电池电堆等。我国液流电池储能集成示范和产业化项目数量也在快速增长。2023 年，全钒液流电池储能项目就有 40 多个。全球首套100 MW 级全钒液流电池储能调峰电站自 2023 年起接受辽宁省电网调度指令运行，系统实现了毫秒级快速响应，电站一次调频功能投入使用。

3.7.4　热储能

热储能是将电能转化为热能储存，在需要时再将热能转化为电能的技术。热储能系统主要涉及热储存介质和储热系统。其中，热储存介质通常是能够高效储存热能的物质，如熔盐、水蒸气、石墨等，这些介质具有较高的比热容和热导率，能够在储存过程中有效地吸收和释放热能；储热系统包括热能储存设施和热能转换设备。

热储能系统可以实现较高的能量密度，即热储能系统可以在相对较小的空间内储存大量的能量。热储能可以与太阳能、风能、余热等多种能源形式结合使用，使得热储能系统可以适应不同的能源供应情况，并提供稳定的电力输出。以熔盐储能为例，我国已掌握完全自主知识产权的熔盐储能光热发电核心技术，并实现了相关产品的规模化生产，国产化率近 100%。熔盐储能不受地理条件限制、建设周期与新能源项目相匹配，与锂离子电池相比具有成本和安全优势。我国在建和拟建的光热发电项目均配置了 8 ～ 16 h 熔盐储能系统。新疆哈密建成了 50 MW 熔盐塔式光热发电，采用熔盐储热可实现 12 h 连续发电。敦煌建成了采用熔盐储热的 50 MW 线性菲涅尔式太阳能热发电站，热熔盐温度 550 ℃，冷熔盐温度 290 ℃，熔盐储热可发电 750 MW·h。除了光热领域，熔盐储能还可以应用于电网削峰填谷、谷电制热、火电灵活性改造等。国信靖江电厂 2×660 WM 机组熔盐储能调峰供热项目已经正式投入运营，是我国首个真正意义上采用熔盐储热技术的大规模火电调峰、调频、供热项目。绍兴绿电熔盐储能项目利用西部地区的风力发电、光伏发电以及廉价的谷电进行储能，是全国首个大规模谷电熔盐储热供能项目，投运后可年供蒸汽量 42 万 t。

第 4 章

氢能

氢能是一种来源丰富、绿色低碳、应用广泛的二次能源。《中共中央 国务院关于完整准确全面贯彻新发展理念做好碳达峰碳中和工作的意见》要求，统筹推进氢能"制储输用"全链条发展，推动加氢站建设，推进可再生能源制氢等低碳前沿技术攻关，加强氢能生产、储存、应用关键技术研发、示范和规模化应用。绿色制氢技术、储氢技术、运氢技术、氢能应用、氢泄露检测技术的基础研究与技术创新，对构建清洁低碳安全高效的能源体系、实现"双碳"目标，具有重要意义。

4.1 绿色制氢技术

氢气与传统的化石燃料不同，它不能经过长时间的聚集而天然存在。因此氢气作为二次能源，必须通过一定方法才能制备出来。在世界能源格局深度调整、全球应对气候变化行动加速、各国争相实现"双碳"目标的复杂背景下，氢能有望成为能源领域的重要组成部分，全球已有 30 多个国家推出"氢战略"，制定了氢能发展路线图。目前，我国制氢能力已超过 4 100 万 t/a，其中化石燃料制氢（煤制氢、天然气重整等）占 70%，工业副产物制氢占近 30%，而电解水制氢占比较低。氢能作为一种清洁、高能量密度的二次能源，可以有机连接气、电、热等能源网络，实现能源的双向流动，构建出绿色、低碳、清洁、高效的能源体系。预计到 2050 年，全球终端能源中的 18% 将由氢能承担，而氢能在我国终端能源体系中占比将高达 10%。

按照氢气的生产过程，可以将氢气分为灰氢、蓝氢和绿氢 3 种。其中，灰氢是通过化石燃料（如煤炭、石油、天然气）燃烧产生的氢气，这种生产方式成本较低，技术简单，是目前全球氢气产量的主要来源，但碳排放量最高；蓝氢是在灰氢的基础上，通过采用碳捕集、利用与封存技术，实现低碳制氢的氢气；绿氢是通过使用可再生能源（如太阳能、风能等）制造的氢气，它在生产过程中基本没有碳排放，因此被认为是最清洁、最环保的氢气生产方式。

根据《中国氢能源与燃料电池产业白皮书（2019 版）》对氢能供给侧结构的预测，我国氢能发展的中远期目标是逐步扩大利用可再生能源（风力、光伏、地热）发电进行水电解制氢的比重，发展生物质制氢等新兴技术，实现氢能源的清洁制备。

4.1.1　化石燃料制氢

1.煤制氢

煤制氢历史悠久，工艺流程已非常成熟。它以煤炭为还原剂，水蒸气为氧化剂，在高温下转化为一氧化碳和氢气为主的合成气，此反应为吸热过程，反应过程需要额外的热量，而煤炭与空气燃烧放出的热量提供了反应所需要的热量，然后经过煤气净化、一氧化碳净化以及氢气提纯等主要生产环节生产氢气。传统煤气化制氢工艺流程如图 4-1 所示。

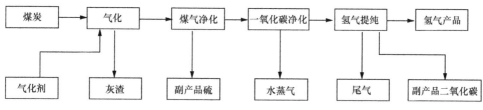

图 4-1　传统煤气化制氢工艺流程

回收产物中的一氧化碳可以再通过水汽转移反应被进一步转化为二氧化碳和氢气，煤制氢的基本化学反应式为

$$C+H_2O+ 热 \longrightarrow CO+H_2 \tag{4-1}$$

$$CO+H_2O \longrightarrow CO_2+H_2+ 热 \tag{4-2}$$

煤气化技术的形式多种多样，按煤炭与气化剂在气化炉内的接触方式不同，可以分为固定床气化、流化床气化、气流床气化等工艺。

（1）固定床气化

固定床气化是最早开发和实现工业化生产的气化技术。固定床以煤焦或块煤（10～50 mm）为原料。块煤从气化炉顶部加入，气化剂从炉底加入。控制流动气体的气速不致使固体颗粒的相对位置发生变化，即固体颗粒处于相对固定状态，床层高度基本上维持不变，因而称为固定床气化。另外，从宏观角度来看，气化过程中煤粒在气化炉内缓慢往下移动，因而固定床气化又称为移动床气化。

（2）流化床气化

流化床气化以粒度为 0.5～5 mm 的小颗粒煤（碎煤）为气化原料，在气化炉内使其悬浮分散在垂直上升的气流中，煤粒在沸腾状态下进行气化反应，使得煤料层内温度均匀，易于控制，从而提高煤气化效率。同时，反应温度一般低于煤灰熔融性软化温度（900～1 050 ℃）。当气流速度较高时，整个床层就会像液体一样形成明显的界面，煤粒与流体之间的摩擦力和它本身的重力相平衡，这时的床层状态叫流化床。流化床气化技术的反应动力学条件良好，气-固两相间紊动强烈，气化强度大，不仅适合于活性较高的低价煤及褐煤，还适合于含灰较高的劣质煤。流化床气化的净化系统简单，污染少，总造价低。但流化床的热损大，灰渣与飞灰含量高。

（3）气流床气化

气流床气化是将一定压力的粉煤（或水煤浆）与气化剂高速喷射入气化炉中，粉煤原料快速完成升温、裂解、燃烧及转化等过程，生成以一氧化碳和氢气为主的合成气。通常，粉煤原料在气流床中的停留时间很短。为保证高气化转化率，粉煤的粒度应尽可能小（粒径小于90 μm的占比大于90%），确保气化剂与煤充分接触和快速反应。因此，粉煤可磨性要好，反应活性要高。同时，大部分气流床气化技术采用"以渣抗渣"的原理，要求粉煤具有一定的灰含量，具有较好的黏温特性，且灰熔点适中。

2. 天然气制氢

天然气制氢是以天然气为原料生产高纯氢气，这种技术是化学工业分支之一。全球每年约7 000万t氢气产量中约有48%来自天然气制氢。大多数欧美国家以天然气制氢为主，而国内由于天然气进口量大，使用天然气制氢的比例低于煤制氢。天然气制氢主要采用以下3种不同的化学处理过程。

（1）甲烷水蒸气重整（steam methane reforming，SMR）

甲烷水蒸气重整是指将甲烷和水蒸气吸热转化为一氧化碳和氢气，具体反应式为

$$CH_4 + H_2O + 热 \longrightarrow CO + 3H_2 \qquad (4\text{-}3)$$

反应所需热量由甲烷燃烧产生的热量来供应。这个反应所需的温度为700～850 ℃，反应产物为一氧化碳和氢气，其中一氧化碳占比约为12%；一氧化碳再通过水汽转移反应进一步转化为二氧化碳和氢气。甲烷水蒸气重整过程如图4-2所示。

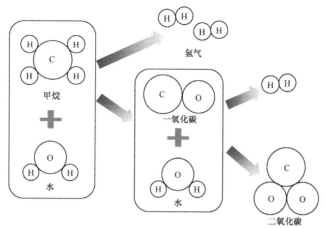

图 4-2 甲烷水蒸气重整过程

（2）部分氧化（partial oxidation，POX）

天然气部分氧化制氢过程就是通过甲烷与氧气的部分燃烧释放出一氧化碳和氢气，具体反应式为

$$CH_4+1/2O_2 \longrightarrow CO+2H_2+热 \qquad （4-4）$$

这个过程为放热反应，需要经过严密的设计，反应器不需要额外的供热源，反应产生的一氧化碳通过水汽转移反应会进一步转化为二氧化碳和氢气。

$$CO+H_2O \longrightarrow CO_2+H_2+热 \qquad （4-5）$$

（3）自热重整

自热重整是结合水蒸气重整过程和部分氧化过程，总的反应是放热反应。反应器出口温度可以达到 $950 \sim 1\ 100\ ℃$。反应产生的一氧化碳再通过水汽转移反应转化为二氧化碳和氢气。自热重整过程产生的氢气需要经过净化处理，这大大增加了制氢的成本。

表 4-1 比较了上述 3 种天然气制氢方法的优缺点。

表 4-1　3 种天然气制氢方法的优缺点

制氢技术	优点	缺点
甲烷水蒸气重整	原料储量丰富；甲烷水蒸气重整过程反应热大；可作为能量储存和传输介质	所需水蒸气量大；设备投资高；能量需求高
部分氧化	给料直接脱硫，不需要水蒸气；反应速率更快；催化材料的反应稳定性高	过程中操作温度高；需要氧气；投资较大
自热重整	能量需求低；所需温度条件低；氢气和一氧化碳比例可通过改变甲烷和氧气比例调整	商业应用有限；需要氧气

4.1.2　工业副产物制氢

工业副产物氢气是企业生产的非主要产品,与主要产品同步生产,或利用废料进一步生产获得。利用工业副产物制氢的原因有两个:一是经济性高,二是环保性强。从经济角度看,由于氢气生产成本高,作为其他主产品副产物的方式产出,可大大降低生产成本。从环保角度看,绿色清洁低碳是未来发展要求,即使现在达不到绿氢标准,也要尽量减少生产过程中的能源消耗和污染物排放。工业副产物制氢主要有 3 种方法:深冷分离、变压吸附和膜分离。深冷分离是将气体液化后蒸馏,根据沸点不同,通过温度控制将其分离,所得产品纯度较高。变压吸附的原理是根据不同气体在吸附剂上的吸附能力不同,通过梯级降压,使其不断解吸,最终将混合气体分离提纯。膜分离则是基于大小各异的气体分子透过高分子薄膜速率不同的原理对其实施分离提纯。目前,能产生副产物氢气的企业主要有炼焦、氯碱、炼油企业。

1. 焦化副产氢

焦炉气是混合物,随着炼焦配比和工艺操作条件的不同,其组成也会有所变化,焦炉气的主要成分为氢气（55%～67%）和甲烷（19%～27%）,其余为少量的一氧化碳（5%～8%）、二氧化碳（1.5%～3%）等。通常情况下,焦炉气中的氢气含量在 55% 以上,可以直接净化、分离、提纯得到氢气,也可以将焦炉气中的甲烷进行转化提氢,从而最大量地获得氢气产品。按照焦化生产技术水平,扣除燃料自用后,每吨焦炭可用于制氢的焦炉气量约为 200 m³。

小规模的焦炉气制氢一般采用变压吸附技术,只能提取焦炉气中的氢气,解吸气回收后做燃料再利用;大规模的焦炉气制氢通常将深冷分离法和变压吸附法结合使用,先用深冷分离法分离出液化天然气,再经过变压吸附提取氢气。通过变压吸附装置回收的氢含有微量的氧气,经过脱氧、脱水处理后可得到 99.999% 的高纯氢气。

2. 氯碱副产氢

氯碱厂以食盐水为原料,采用离子膜或石棉隔膜电解槽生产烧碱和氯气,同时可以得到副产品氢气。电解直接产生的氢气纯度约为 98.5%,含有部分氯气、氧气、氯化氢、氮气以及水蒸气等杂质,把这些杂质去掉即可制得纯氢。

我国氯碱厂大多采用变压吸附技术提氢，获得的高纯度氢气可用于生产下游产品。在氯碱工业生产中，每生产 1 t 烧碱可获得副产氢气 280 m³。我国氯碱副产氢气大多进行了综合利用，主要利用方式是生产化学品，如氯乙烯、过氧化氢、盐酸等，部分企业还制备了苯胺。氯碱工业副产氢回收成本低、环保性强、生产纯度高，经变压吸附等工艺净化回收后，适合作燃料电池所需的氢气原料。我国氯碱企业在解决好碱氯平衡的前提下，可进一步开拓氢气的高附加值利用途径。

3. 丙烷脱氢副产氢

丙烯是重要的化工原料，主要的工业生产方式是催化裂解乙烯联产丙烯、催化裂化炼厂气、重油催化裂化和石脑油蒸汽裂解等副产方式。近年来随着技术的进步，以 Oleflex 和 Catofin 为代表的丙烷脱氢技术逐渐成熟并工业化应用，在丙烯工业中逐步占据一部分市场份额。丙烷脱氢是在高温和催化剂的作用下，丙烷的 C—H 键断裂，氢原子脱离丙烷生成丙烯的同时，副产氢气，此反应为强吸热反应，需要外界供入热量。与其他制氢方式相比，丙烷脱氢具有成本低、碳排放量少、制氢纯度高、制氢产能高等优势，是当前国内制氢市场最具氢气供给潜力的方式。

4.1.3　电解水制氢

使用天然气和煤生产的氢气中含有二氧化碳，属于"灰氢"。环保要求的发展方向是"绿氢"，即氢气生产过程中不产生二氧化碳。当下"绿氢"的主要产生方式是电解水。电解水包含阴极析氢（hydrogen evolution reaction，HER）和阳极析氧（oxygen evolution reaction，OER）两个半反应。电解水在酸性环境和碱性环境中均可进行，由于所处的环境不同，发生的电极反应存在差异。

在酸性环境中，阴阳两极的反应为

阴极析氢：$\qquad 2H^+ + 2e^- \longrightarrow H_2 \qquad$ （4-6）

阳极析氧：$\qquad H_2O \longrightarrow 2H^+ + 1/2O_2 + 2e^- \qquad$ （4-7）

在碱性环境中，阴阳两极的反应为

阴极析氢：$\qquad 2H_2O + 2e^- \longrightarrow H_2 + 2OH^- \qquad$ （4-8）

阳极析氧：$\qquad 2OH^- \longrightarrow H_2O + 1/2O_2 + 2e^- \qquad$ （4-9）

在实际生产中，由于酸性介质对设备的腐蚀性强，电解水制氢通常在碱性环境下进行。电解水制氢设备的核心部分是电解槽。目前常用的电解槽有碱性电解槽、质子交换膜电解槽（proton exchange membrane，PEM）和固体氧化物电解槽（solid oxide electrolysis cell，SOEC）。

1. 碱性电解水制氢

碱性电解水（alkaline water electrolytic，AWE）制氢装置（碱性电解槽）由电源、电解槽体、电解质、阴极、阳极和隔膜组成。阴极与阳极主要由金属合金组成，如 Ni-Mo 合金、Ni-Cr-Fe 合金等。电解质通常是质量分数为 20% ～ 30% 的氢氧化钾溶液，隔膜主要由石棉组成，将产品气体隔开，避免氢氧混合。其原理是在阳极，水氧化产生氧气，在阴极，水还原产生氢气，具有操作简单、生产成本较低等优点，但是其存在体积和质量大、碱液有腐蚀性等问题。碱性电解水制氢的工作原理如图 4-3 所示。

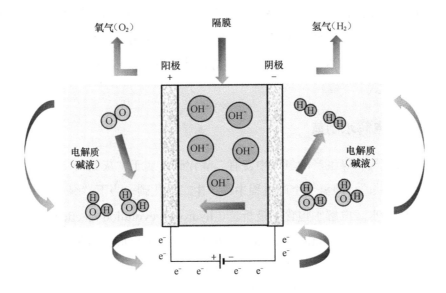

图 4-3　碱性电解水制氢的工作原理

目前，广泛应用的碱性电解水制氢电解槽有单极电解槽和双极电解槽两种。在单极电解槽中，电极是并联的，而在双极电解槽中，电极是串联的。双极电解槽结构紧凑，减少了电解质电阻造成的损耗，从而提高了电解槽效率。然而，由于双极电解槽结构紧凑，增加了设计的复杂性，制造成本高于单极电解槽。

隔膜是碱性电解水制氢电解槽的核心组件，分隔阴极室和阳极室，实现隔气性和离子穿越的功能。因此，开发新型隔膜是降低单位制氢能耗的主要突破点之一。目前，我国普遍使用非石棉基的聚苯硫醚纤维布作隔膜，其具有价格低廉的优势，但缺点也比较明显，如隔气性差、能耗偏高；而欧美国家使用复合隔膜，这种隔膜在隔气性和离子电阻上具有明显优势，但价格更高。

2. 质子交换膜电解水制氢

质子交换膜电解槽，也称固体高分子聚合物电解槽，将以往的电解质由一般的强碱性电解液改为强酸性电解液，同时采用质子交换膜（如杜邦公司生产的 Nafion 全氟磺酸膜）作为隔膜，起到对电解池阴阳极的隔离作用。质子交换膜电解槽主要由质子交换膜（高分子聚合物电解质膜）和两个电极构成，质子交换膜与电极为一体化结构，如图 4-4 所示。当质子交换膜电解槽工作时，水通过阳极室循环，在阳极上发生氧化反应，生成氧气；水中氢离子在电场作用下透过质子交换膜，在阴极上与电子结合，发生还原反应，生成氢气。质子交换膜中的氢离子以水合氢离子形式同质子交换膜中的磺酸基结合，从一个磺酸基转移到相邻的磺酸基，实现离子导电。

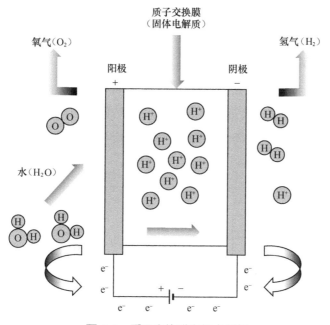

图 4-4　质子交换膜电解水制氢

同碱性电解水相比，质子交换膜电解水技术具备效率高、机械强度好、质子传导快、气体分离性好、移动方便等优点。质子交换膜电解槽可有效隔绝阴极析出的氢气和阳极析出的氧气，以避免能量效率的降低和爆炸的风险，保证质子交换膜电解槽可在较高的电流下工作。同时，质子交换膜电解槽在运行中的灵活性和反应性更高，可提供更宽广的工作范围，并且响应时间更短。这种显著提高的运营灵活性有助于提高电解制氢的整体经济效益，尤其是可以很好地结合可再生能源发电，从而可以从多个电力市场获得收益。质子交换膜电解水制氢采用纯水电解，避免了电解质对槽体的腐蚀，其安全性比碱性电解水制氢要高。电极采用具有催化活性的贵金属（如 Pt）或者贵金属氧化物（IrO_2、RuO_2）。将这些贵金属或者贵金属氧化物制成具有较大比表面积的粉体，利用特氟龙黏合并压在 Nafion 膜的两面，就形成了一种稳定的膜与电极的结合体。

3. 固体氧化物电解水制氢

固体氧化物电解槽通过提高操作温度（600～1 000 ℃），降低电解槽内的总损失，将固体氧化物电解槽需要的部分电能用产生于其他过程的热能所取代。根据技术原理的不同，固体氧化物电解槽可分为质子传导型固体氧化物电解槽（见图 4-5）和氧离子传导型固体氧化物电解槽（见图 4-6）。质子传导型固体氧化物电解槽主要是在电解质中传导质子，当设备运行时，高温水蒸气从阳极侧进行供给，参与氧化反应，失去电子后生成氧气和质子，而质子通过质子传导电解质到达阴极后发生还原反应，在阴极处生成氢气。氧离子传导型固体氧化物电解槽则是在电解质中传导氧离子，从阴极处供给水蒸气，水分子在得到电子后生成氢气，并电离出氧离子，在经过电解质传导至阳极后，经氧化形成氧气。

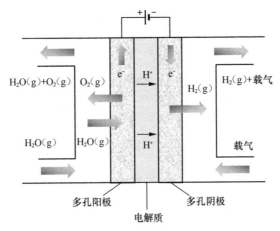

图 4-5　质子传导型固体氧化物电解槽

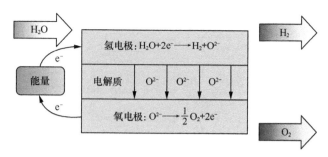

图 4-6　氧离子传导型固体氧化物电解槽

固体氧化物电解槽的进料为水蒸气，添加二氧化碳后，就可生成合成气（氢气和一氧化碳的混合物），再进一步还能生产合成燃料（如柴油、航空燃油）。因此，固体氧化物电解槽技术有望被广泛应用于二氧化碳回收、燃料生产和化学合成品，是欧盟近年来的研发重点。德国 Sunfire 是欧洲固体氧化物电解槽技术代表，于 2020 年 10 月在荷兰建成了 2.4 MW 固体氧化物电解槽的示范项目，每小时产氢 60 kg。

4.1.4　其他制氢方式

1. 生物质制氢

生物质制氢是以碳水化合物为供氢体，利用光合细菌或厌氧细菌来制备氢气，并用微生物载体、包埋剂等细菌固定化手段将细菌固定下来，实现产氢。根据生物在制氢过程中是否需要阳光，将生物质制氢的方法分为两类：光合生物制氢和生物发酵制氢。

（1）光合生物制氢

光合细菌是能在厌氧光照或好氧黑暗条件下利用有机物作为供氢体兼碳源，进行光合作用的细菌，具有随环境条件变化而改变代谢类型的特性。目前，能够实现光合生物制氢的微生物有 3 类：好氧型绿藻、蓝藻和厌氧型光合作用细菌。这些所谓的光合生物能将光作为能源，充分利用太阳能，进行只放氢不产氧活动。

光合生物的生理功能和新陈代谢作用是多样化的，因此具有不同的产氢路径。光合生物制氢路径如图 4-7 所示。蓝藻和绿藻可通过直接和间接光合作用产生氢气。

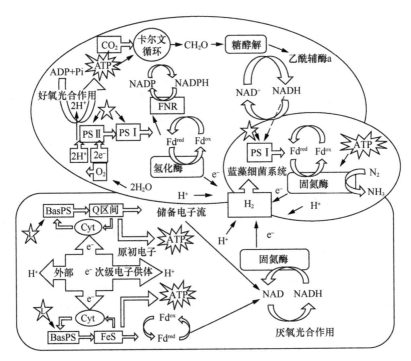

图 4-7　光合生物制氢路径

　　蓝藻和绿藻的直接光合作用产氢过程是利用太阳能直接将水分解生成氢气和氧气，在捕获太阳能方面显示出类似高等植物的好氧光合作用，其中包含两个光合系统。当氧气不足时，氢化酶可以利用来自铁氧化还原蛋白中的电子，将质子还原，产生氢气。在光反应器中，因为只有少量水被氧化生成氧气，而且残余的氧气通过呼吸作用被消耗，故细胞的光合系统 PS II 受到部分抑制会产生厌氧条件。化学反应式为

$$2H_2O+h\nu \longrightarrow O_2\uparrow+4H^++Fd^{red}(4e^-) \longrightarrow Fd^{red}(4e^-)+4H^+ \longrightarrow Fd^{ox}+2H_2$$

$$(4\text{-}10)$$

　　间接的生物光合作用是有效地将氧气与氢气分开的过程，尤其在蓝藻中最为常见。储存的碳水化合物被氧化，而产生氢气。化学反应式为

$$6H_2O+6CO_2 \longrightarrow C_6H_{12}O_6+6O_2 \qquad (4\text{-}11)$$

$$C_6H_{12}O_6+6H_2O \longrightarrow 12H_2+6CO_2 \qquad (4\text{-}12)$$

　　在厌氧的黑暗条件下，丙酮酸盐铁氧化还原蛋白的氧化还原酶使丙酮酸盐失去碳酸基，乙酰辅酶 a 通过铁氧化还原蛋白的还原作用生成氢气。丙酮酸脱

氢酶（PDH）会在丙酮酸盐的代谢过程中产生 NADH，在阳光较少的地方，铁氧化还原蛋白被 NADH 所还原。固氮的蓝细菌主要通过固氮酶产生氢气（将氮气固定为氨气），而不是通过有双向作用的氢化酶。然而在很多没有固氮的蓝细菌中，通过具有双向作用的氢化酶，也能观察到氢气的生成。

（2）生物发酵制氢

20 世纪 90 年代后期，人们以碳水化合物为供氢体，直接以厌氧活性污泥为天然产氢微生物，通过厌氧发酵成功制备出了氢气。目前，生物发酵制氢主要分 3 种类型：① 纯菌种与固定化技术相结合，其发酵制氢的条件相对比较苛刻，现处于实验阶段；② 利用厌氧活性污泥对有机废水进行发酵制氢；③ 利用高效产菌对碳水化合物、蛋白质等物质进行生物发酵制氢。

生物发酵制氢所需要的反应器和技术都相对比较简单，使生物制氢成本大大降低。经过多年研究发现，产氢的菌种主要包括肠杆菌属（Enterobacter）、梭菌属（Clostridium）、埃希氏菌属（Escherichia）和杆菌属（Bacillus）。除了对传统菌种的研究和应用，人们试图寻找到具有更高产氢效率和更宽底物利用范围的菌种，但是在过去的十年间，鲜有报道发现新的产氢生物，生物发酵制氢量也没有明显的提高。

生物发酵制氢过程，不依赖光源，底物范围较宽，可以是葡萄糖、麦芽糖等碳水化合物，也可以是垃圾和废水等。其中，葡萄糖是发酵制氢过程中首选的碳源，可发酵产氢后生成乙酸、丙酸和氢气，具体化学反应式为

$$C_6H_{12}O_6+2H_2O \longrightarrow 2CH_3COOH+2CO_2+4H_2 \tag{4-13}$$

$$C_6H_{12}O_6+2H_2O \longrightarrow CH_3CH_2COOH+2CO_2+2H_2 \tag{4-14}$$

根据发酵制氢的代谢特征，将发酵制氢的机理归纳为两种主要途径：① 丙酮酸脱羧产氢，产氢细菌直接使葡萄糖发生丙酮酸脱羧，将电子转移给铁氧化还原蛋白，被还原的铁氧化还原蛋白再通过氢化酶的催化，将质子还原产生氢气分子。或者丙酮酸脱羧后形成甲酸，再经过甲酸氢化酶的作用，将甲酸全部或部分分裂转化为氢气和二氧化碳。② NADH/NAD$^+$ 平衡调节产氢，将经过糖酵解途径产生的 NADH 与发酵过程相偶联，NADH 被氧化为 NAD$^+$ 的同时，释放出氢分子。它的主要作用是维持生物制氢的稳定性。

2. 高温气冷堆制氢

高温气冷堆是我国自主研发的具有固有安全性的第四代先进核能技术,其高温高压的特点与适合大规模制氢的热化学循环制氢技术十分匹配,被公认为是最适合核能制氢的堆型。经初步计算,一台 60 万 kW 高温气冷堆机组可满足 180 万 t 钢对氢气、电力及部分氧气的能量需求,每年可减排约 300 万 t 二氧化碳,减少能源消费约 100 万 t 标准煤,将有效缓解我国碳排放压力,助力解决能源消费引起的环境问题。

3. 氨分解制氢

氨分解制氢是以液氨为原料,在 800 ~ 900 ℃下,以镍作催化剂分解氨得到氢气和氮气的混合气体,其中 H_2 占 75%、N_2 占 25%。氨分解制氢化学反应式为

$$2NH_3 \longrightarrow 3H_2+N_2 - Q \qquad (4\text{-}15)$$

氨分解为吸热反应,高反应温度有利于氨完全分解。镍基催化剂分解反应温度约 800 ℃,反应产物经过分子筛吸附净化,可得到氢气和氮气的混合气,其中氨的残余含量可降至 5 mg/kg。

氨分解 – 变压吸附制氢工艺已经大量应用于钨钼冶金行业。但变压吸附过程要排掉 10% ~ 25% 的氢气,干燥塔再生工艺过程也要消耗约 8% 的纯氢气。此外,占总气量 25% 的氮气被排空而未得到利用。

4. 等离子体制氢

等离子体是以自由电子和带电离子为主要成分的一种物质形态,被称为是继固态、液态、气态之后物质的第四态。等离子体制氢是一种有前景的制氢方法。用等离子体激发的制氢化学反应原理与传统制氢的原理区别在于,两者用于激发化学反应的活性物质不同:传统制氢方法采用催化剂作为活性物质,而等离子体制氢方法则是以高能电子和自由基作为活性物质,避免了使用非均相催化剂。等离子体制氢法利用高活性的粒子(电子、离子、激发态物质)能大大提高制氢反应速度,同时还能为吸热反应提供能源。

等离子体制氢中的化学反应可分为同相反应和异相反应。同相反应是指等离子体区域气相活性基团之间发生的化学反应。异相反应是等离子体区域气相中的活性基团与浸没或接触等离子体的基团或液体表面发生的化学反应。

等离子体制氢具有快速的反应过程，并且其高能量密度能够缩短反应时间，从而可进一步减小反应器尺寸、减轻反应器质量。此外，等离子体制氢能够利用的原料更加宽泛，任何含氢物质，如天然气、生物燃料以及水等都能用于等离子体制氢。等离子体制氢法适合于各种规模甚至布局分散、生产条件多变的制氢场合。

4.2 储氢技术

在全球寻求清洁、可再生能源的时代，储氢技术已成为能源转型中备受关注的关键技术之一。氢气作为一种高效清洁的能源载体，其应用前景横跨交通、工业和能源存储等多个领域。然而，由于氢气具有低密度和高体积的特性，使得有效而安全的储存变得至关重要。目前，不同的储氢技术应运而生，旨在解决氢气储存方面的挑战。这方面的研究涉及各种创新方法，包括高压储氢、液态储氢、储氢材料储氢等技术。每种技术都在解决储氢效率、安全性、成本和可持续性等方面提供了一系列的解决方案。

4.2.1 高压储氢

高压储氢是一种成熟、广泛使用的储氢方法，通过将氢气直接压缩到耐高压容器中进行存储。相对于其他储氢方式，该方法技术要求低、充放速度快，设备结构简单，在加氢站等领域应用广泛。高压储氢容器包括金属储罐、金属内衬纤维缠绕储罐和全复合轻质纤维缠绕储罐等。

1. 金属储罐

金属储罐通常采用高性能金属材料制造。由于耐压性的限制，早期钢瓶的储存压力为 12 ～ 15 MPa。近年来，通过增加储罐厚度，可以在一定程度上提高储氢压力，但这会导致储罐容积减少，70 MPa 时的最大容积仅为 300 L，氢气质量相对较低。对于移动储氢系统，这必然导致运输成本增加。由于储罐多采用高强度无缝钢管旋压收口，随着材料强度提高，对氢脆的敏感性增强，安全隐患也有所增加。同时，由于金属储氢钢瓶为单层结构，无法实时在线监测容器的安全状态。因此，这类储罐仅适用于固定式、小储量的氢气储存，难以满足车载系统的要求。

2. 金属内衬纤维缠绕储罐

金属内衬纤维缠绕储罐是由纤维缠绕复合层和金属内衬共同组成的结构。纤维缠绕复合层采用纵向缠绕和环向缠绕相结合，其中封头部分全部为纵向缠绕，圆柱段为纵向缠绕与环向缠绕的组合。金属内衬纤维缠绕储罐承受内压载荷时，复合层承受 85% ～ 95% 的载荷，而金属内衬只承受 5% ～ 15% 的压力。目前，常用的纤维材料为高强度玻璃纤维、碳纤维、凯夫拉纤维等，缠绕理论主要包括层板理论与网格理论。多层结构的采用不仅可防止金属内衬受侵蚀，还可在各层间形成密闭空间，以实现对储罐安全状态的在线监控。加拿大的 Dynetek 公司开发的金属内胆储氢罐已能满足 70 MPa 的储氢要求，并已实现商业化。同时，由于金属内衬纤维缠绕储罐成本相对较低，储氢密度相对较大，也常被用作大容积的氢气储罐。

3. 全复合轻质纤维缠绕储罐

为了进一步降低储罐质量，人们利用具有一定刚度的塑料代替金属，制成了全复合轻质纤维缠绕储罐。这类储罐的罐体一般包括 3 层：塑料内胆、纤维增强层和保护层。塑料内胆不仅能保持储罐的形态，还能兼作纤维缠绕的模具。同时，塑料内胆的冲击韧性优于金属内胆，且具有优良的气密性、耐腐蚀性、耐高温和高强度、高韧性等特点。

全复合轻质纤维缠绕储罐的质量更小，约为相同储量钢瓶的 50%，因此，其在车载氢气储存系统中的竞争力较强。日本丰田公司推出的碳纤维复合材料新型轻质耐压储氢容器就是全复合轻质纤维缠绕储罐，储存压力高达 70 MPa，容积为 122.4 L，储氢总量为 5 kg。同时，为了将储罐进一步轻质化，研究人员提出了 3 种优化的缠绕方法：强化筒部的环向缠绕、强化边缘的高角度螺旋缠绕和强化底部的低角度螺旋缠绕，这些方法能减少缠绕圈数和纤维用量。

4.2.2　液态储氢

液态储氢是将氢气液化后进行存储的一种储存方式，可大大提高储氢密度和体积比容量。但缺点是氢气液化非常耗能，液化 1 kg 的氢气就要消耗 4 ～ 10 kW·h 的电量。此外，由于氢气的沸点为 −253 ℃，容易挥发，因此液态氢存储过程中需要耐超低温，耐超低温、耐压、密封性强的特殊容器的制造难度大，成本高昂。

液氢罐作为盛装液氢的容器，应用场景广泛，包括液氢工厂和海上接收站的巨型球罐，运输罐箱、罐车，以及加氢站和交通工具的类圆柱形液氢燃料罐，甚至实验室和卫星变轨用的微型液氢罐等。尽管它们在体积、形状上有很大差异，但基本上都采用带真空夹套的双层容器结构。这是因为在标准大气压下，饱和液氢的温度极低，且汽化潜热很小。为了最大程度减少蒸发，必须通过隔绝漏热来切断热量传递的途径，包括热传导、热对流和热辐射，这也是液氢容器研制的关键技术。

采用内胆和外罐之间夹套抽真空的双层容器结构，尤其是在 1×10^{-3} Pa 高真空条件下，夹层空间内气体分子稀少，难以通过接触和气体对流实现热量传递，基本可以忽略其漏热影响。连接内胆和外罐之间的支撑结构使用热导率低、强度高的非金属材料（特别是高强度碳纤维增强复合材料），可以最大程度地减少导热的传热量。与热传导和热对流不同，热辐射对于液氢罐而言是影响传热的最重要因素，需要采取比普通低温罐更谨慎的措施。

图 4-8 所示为一种液氢罐典型结构的剖视图。结构上，液氢罐由内胆、外罐、支撑结构和夹层绝热材料组成。内胆用于盛装液氢及其蒸发气，外罐为内胆提供封闭的真空环境，内胆与外罐之间的支撑结构用以维持内胆安装位置的相对稳定。在内胆与外罐的真空层中，还需要填充绝热材料。

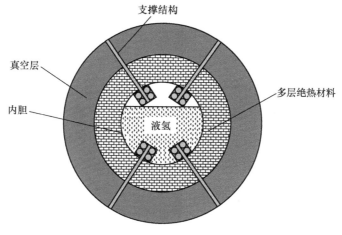

图 4-8　液氢罐典型结构的剖视图

4.2.3 储氢材料储氢

储氢材料是指能够吸收、储存和释放氢气的物质。随着氢能源的不断发展和应用,储氢材料技术成为关键的技术之一。储氢材料可以被广泛应用于氢燃料电池、氢存储系统等领域,具有很大的市场潜力。

1. 固态储氢

(1)金属合金储氢

金属合金储氢是指利用吸氢金属 A 与对氢不吸附或吸附量较小的金属 B 制成合金晶体,在一定条件下,金属 A 作用强,氢分子被吸附进入晶体,形成金属氢化物,再通过改变条件,减弱金属 A 作用,实现氢分子的释放。常用的金属合金可分为 A_2B 型、AB 型、AB_5 型、AB_2 型与 $AB_{3.0-3.5}$ 型等。其中,金属 A 一般为 Mg、Zr、Ti 或 IA~VB 族稀土元素,金属 B 一般为 Fe、Co、Ni、Cr、Cu、Al 等。各类金属合金的特点如表 4-2 所示。

表 4-2 各类金属合金的特点

类别	代表合金	优点	缺点	储氢量(质量分数)/%
A_2B	Mg_2Ni	储氢量高	条件苛刻	3.60
AB	FeTi	价格低	寿命短	1.86
AB_5	$LaNi_5$	压力低、反应快	价格高、储氢密度低	1.38
AB_2	Zr 基、Ti 基	无须退火除杂,适应性强	初期活化难、易腐蚀、成本高	1.45
$AB_{3.0-3.5}$	$LaNi_3$、Nd_2Ni_7	易活化、储氢量大	稳定性差、寿命短	1.47

金属合金储氢的特点是氢以原子状态储存于合金中,安全性较高。但这类材料的氢化物过于稳定,热交换比较困难,加/脱氢只能在较高温度下进行。

高熵合金(HEA)是一种新型的储氢材料,具有储氢容量大、稳定性好、循环性能好等优点,可大大改善氢能的储存和运输问题。在设计和制造用于储氢的高熵合金时,必须考虑几个因素,如合金成分、晶体结构和制备方法(通常采用机械合金化、真空电弧熔炼和其他制备技术)。为了获得纯度高、均匀性好的晶体结构,必须根据具体情况权衡各种制备技术的优缺点。在评估高熵合金用于储氢的效用时,要考虑的一个重要指标是其储氢能力。这项研究的结果表明,高熵合金是潜在的储氢材料,但是,需要额外的研究和改进,以提高

其储氢 / 释氢速率和循环稳定性。此外，高熵合金的热物理性质（如导热系数、膨胀性质等）对合金的未来应用也非常重要，但目前的研究较少。需要指出的是，合金化一般会降低金属的导热系数，因此高熵合金的导热性能可能并不理想，如何提高其导热性能也是需要解决的关键问题。

（2）碳质材料储氢

一些碳质材料，如表面活性炭、石墨纳米纤维、碳纳米管等，在一定条件下对氢的吸附能力较强，因此，人们提出利用这些材料进行储氢。各类碳质材料的储氢性能如表 4-3 所示。由表 4-3 可知，碳质材料由于具有较大的比表面积以及强吸附能力，储氢量（质量分数）普遍较高。同时，碳质材料还具有质量轻、易脱氢、抗毒性强、安全性高等特点。

表 4-3　各类碳质材料的储氢性能

类别	缩写	温度 /K	压力 /MPa	储氢量（质量分数）/%
活性炭	AC	77	2 ～ 4	5.3 ～ 7.4
		93	6	9.8
石墨纳米纤维	GNF	室温	7.04	3.8
		25	12	67
碳纳米纤维	CNF	室温	11	12
		室温	10/12	10
		298	10 ～ 12	4.2
碳纳米管	CNT	80	12	8.25
		室温	0.05	6.5

（3）金属有机骨架化合物储氢

金属有机骨架化合物（metal organic frameworks，MOFs）又称为金属有机配位聚合物，它是由金属离子与有机配体形成的具有超分子微孔网络结构的类沸石材料。由于金属有机骨架化合物中的金属与氢之间的吸附力强于碳与氢，还可通过改性有机成分加强金属与氢分子的相互作用，因此，金属有机骨架化合物的储氢量较大。同时，其还具有产率高、结构可调、功能多变等特点。但这类材料的储氢密度受操作条件影响较大，因此，目前的研究热点在于如何提高常温、中高压条件下的氢气质量密度。

2. 有机液体储氢

有机液体储氢是指以不饱和有机液体化合物为储氢剂，利用不饱和有机化合物－氢－饱和有机化合物的可逆化学反应来实现储氢和脱氢,如图4-9所示。其中,苯与甲苯是较为理想的储氢剂,环己烷和甲基环己烷可作为氢载体。以甲苯为例,制备出来的氢气与甲苯催化加氢反应生成甲基环己烷氢载体,由于甲基环己烷这类氢载体在常温常压下呈液态,故此类储氢载体具有较长的储氢周期且运输便利。将储氢载体运输到目的地后,再对其进行催化脱氢释放出氢气,就可以达到氢能利用的目的,脱氢后生成的甲苯储氢剂可进行回收循环使用。

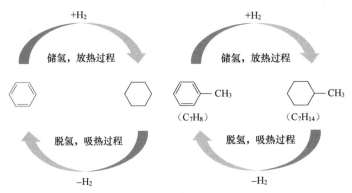

图4-9 有机液体储氢过程

有机液体储氢主要有以下特点。

(1)储氢量大,储氢密度高

苯和甲苯的理论储氢量(质量分数)分别为7.19%和6.16%,高于现有的金属氢化物储氢量和高压压缩储氢的储氢量。苯和甲苯的储氢密度也分别高达56.00 g/L和47.40 g/L,有关性能参数见表4-4。

表4-4 部分储氢材料储氢性能参数

储氢系统	密度/(g·L)	理论储氢量(质量分数)/%	储存1 kgH$_2$的非饱和化合物量/kg
低温吸附储存	16.90	4.76	20.0
LiAlH$_4$	74.15	3.59	—
TiH$_2$	150.00	3.80	25.0
FeTiH$_2$	45.50	1.30	77.0
苯	56.00	7.19	12.9
甲苯	47.40	6.16	15.2
萘	65.30	7.29	12.7

（2）储氢效率高

以环已烷储氢构成的封闭循环系统为例，假定苯加氢反应时放出的热量可以回收，整个循环过程的效率高达 98%。

（3）液态有机氢载体与汽油储运相似

液态有机氢载体利用现有汽油输送管道、加油站等基础设施运输，适合于长距离氢能输送。氢载体环已烷和甲基环已烷在室温下呈液态，与汽油类似，可以方便地利用现有的储存和运输设备，这对长距离、大规模氢能输送意义重大。

（4）加氢脱氢反应高度可逆，储氢剂可循环使用

通过富氢液态有机化合物和其脱氢产物之间的可逆氢化和脱氢反应可实现氢气的储存和释放。

目前，有机液体储氢也存在一些技术难题，制约其发展应用。一是加氢脱氢装置由于涉及高压、高温、提纯等工艺，较为复杂。二是储氢载体脱氢是吸热反应，反应需要高温低压的条件，对催化剂性能的要求很高。

4.3　运氢技术

运氢是氢能产业链中的重要环节。氢气具有低密度、高易燃性和高渗透性特性，研发安全、高效、环保的运氢技术至关重要。根据储氢状态的差异，氢的运输形式主要分为气态运输、液态运输和固态运输。常见的运输形式包括长管拖车运输、管道输送和液氢槽车运输等。目前，运氢技术创新主要集中在气氢运输、有机液态运氢和固氢运输。

4.3.1　气氢运输

气氢运输主要有长管拖车运输和管道输送等方式。气氢长管拖车运输技术成熟，是国内普遍采用的运氢方式，但运输效率较低，主要适用于小规模、短距离运输。目前，我国氢气长管拖车普遍使用 20 MPa 钢制储氢罐（Ⅰ型），单车运氢量约 350 kg。长管拖车的优点是灵活便捷，但单次运氢量少，只占长管拖车总质量的 1%～2%，运输成本高。长管拖车的一

个重要发展趋势是进一步提升工作压力,预计未来当长管拖车工作压力提升至 50 MPa 时,单车运氢量可达到 1 200 kg 左右,100 km 的运输成本可降至约 6 元 /kg。

气氢管道输送适合大规模、长距离运氢,分为纯氢管道输送和掺氢天然气管道输送。美国和欧洲国家早已布局纯氢管道网络,美国的输氢管道总里程已超过 2 700 km,全球排名第一。我国在纯氢工业管道方面积累了较丰富的建设及运行经验,但在纯氢运输专用管道建设方面尚处于起步阶段,在役管道总里程只有 100 km 左右。全长为 42 km 的中国石化巴陵—长岭氢气输送管线是目前我国已建成的最长氢气输送管线。2023 年,我国启动全长超过 400 km 的"西氢东送"输氢管道示范工程项目,标志着我国纯氢长距离输送管道进入新发展阶段。天然气掺氢技术是通过在天然气中掺入一定比例的氢气,实现利用现有的天然气管道输送氢气。安全性是掺氢天然气管道输送的核心问题,因为天然气掺氢会引起天然气管道流动状态的变化,系统的输气功率、混输气体的泄漏和爆炸影响也会随之发生变化;掺氢还会导致管材方面的安全隐患,如引发氢脆、氢致开裂、氢鼓泡等氢损伤。很多国家都针对掺氢天然气管道输送的适应性进行了研究。早在 2004 年,欧盟 Naturalhy 项目研究就发现,当天然气管道掺氢量小于 20% 时,对用氢设备危害相对偏小。2020 年,我国张家口掺氢天然气管道输送示范项目启动,每年可输运氢气约 1 000 t。2022 年,中国石油管道局工程有限公司承建的宁夏宁东天然气掺氢降碳示范化工程项目的主体工程完工,该项目建成后将成为国内首个燃气管网掺氢试验平台,可以实现管道掺氢环节、输送环节和用户环节全流程验证。

4.3.2　有机液态运氢

有机液态运氢利用氢气与有机介质的化学反应,进行储存、运输和释放,主要分为 3 个阶段:氢气与储氢介质发生加氢反应;加氢后的储氢介质的储存和运输;加氢后的储氢介质进行脱氢反应释放氢气。液态有机储氢介质稳定性高、安全性好、储氢密度大、储存和远距离运输安全。此外,液态有机储氢介质的物理性质与汽油、柴油相近,可利用现有汽油、柴油基础设施进行运输,大大降低后期规模化应用成本。日本千代田公司研发了 SPERA 氢技术，将甲苯加氢生成甲基环己烷，甲基环己烷可再脱氢生成氢气和甲苯。全球首条氢供应链示范项目（文莱"加氢厂"）采用该技术探索液态有机氢载体的商业化示范，于 2020 年实现了 210 t/a 的氢气输运能力。德国 Hydrogenious Technologies 公司研发的以二苄基甲苯作载体的氢储运技术，已完成了超 12 000 km 的储氢有机液体运输。

4.3.3　固氢运输

固氢运输是将氢气储存于固体材料（常用储氢合金）中进行运输。通过金属氢化物存储，具有体积储氢密度高、安全性好、储存时间长等优点，因此大型槽车、驳船等运输工具均可利用。2023 年，上海氢枫能源技术公司联合上海交通大学氢科学中心推出吨级镁基固态储运氢车（MH-100T），实现氢气固态储运领域的创新突破。MH-100T 以镁合金为介质，通过镁与氢气的可逆反应，在常温常压条件下进行氢气储运，单车储氢容量为 1 t，是高压气态储氢的 3 ～ 4 倍，解决了高压气态储氢的高压爆炸风险，更加安全、经济、高效。

4.4　氢能应用

4.4.1　氢燃料电池

1. 氢燃料电池的类型

氢燃料电池一般由阴极、阳极、电解液和外围电路组成，氢和氧的电化学反应转换电能的同时，伴随热能以及水等清洁副产物的产生。氢燃料电池的基本构造如图 4-10 所示。按工作原理不同，氢燃料电池分可分为直接燃料电池和间接燃料电池，直接燃料电池又可根据其电解质不同分为碱性燃料电池、磷酸燃料电池、质子交换膜燃料电池、阴离子交换膜燃料电池、熔融碳酸盐燃料电池和固体氧化物燃料电池。间接燃料电池又称为直接甲醇电池，是利用氢气合成甲醇，以甲醇为原料的燃料电池。

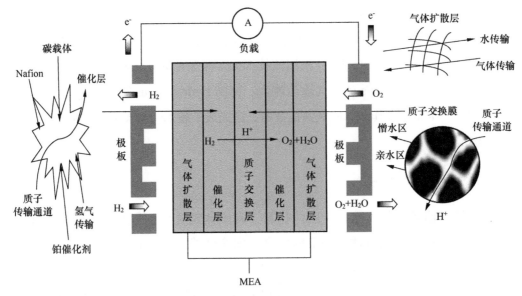

图 4-10　氢燃料电池的基本构造

（1）碱性燃料电池

碱性燃料电池以氢气为燃料，以空气或氧气为氧化剂，使用贵金属（如 Pt、Pd、Au、Ag 等）和过渡金属（如 Ni、Co、Mn 等）或者由它们组成的合金等作为催化剂。其电解质通常为 35% ～ 45% 的 KOH 或 NaOH 溶液，电解质隔膜一般为吸附饱和 KOH 溶液的石棉膜。碱性燃料电池工作温度较低（20 ～ 70 ℃），可以在室温下启动，能较快达到额定负荷。碱性燃料电池具有较高的能量转换效率，运行稳定、寿命长、成本低。

（2）磷酸燃料电池

磷酸燃料电池是实用性最高的中低温电池，工作温度为 150 ～ 220 ℃。磷酸燃料电池主要由燃料极、电解质层和空气极构成。燃料极和空气极一般为涂布有催化剂的多孔碳素板电极。电解质层包括磷酸电解质和多孔硅碳化物隔膜，磷酸电解质是一种黏滞液体，多孔硅碳化物隔膜经饱和浓磷酸浸泡后，可以通过内部的毛细管作用来储存磷酸电解质。以氢气为燃料、氧气为氧化剂时，其电化学反应式为

阳极反应：$\qquad 2H_2 \longrightarrow 4H^+ + 4e^-$ 　（4-16）

阴极反应：$\qquad O_2 + 4H^+ + 4e^- \longrightarrow 2H_2O$ 　（4-17）

电池总反应：
$$2H_2+O_2 \longrightarrow 2H_2O \qquad (4\text{-}18)$$

（3）质子交换膜燃料电池

质子交换膜燃料电池采用可传导质子的聚合膜作为电解质。以富氢气体为燃料的质子交换膜电池的催化层通常采用 Pt/C 材料。若富氢燃料中含有少量一氧化碳，则氢侧的催化剂应采用铂钌合金等抗毒化催化剂。质子交换膜燃料电池可在室温条件下快速启动，适用于电动车、不依赖空气推进的潜艇动力源和各种可移动电源以及分布式发电设备，是目前在汽车领域应用最广泛的一类电池。

（4）阴离子交换膜燃料电池

阴离子交换膜燃料电池以阴离子交换膜作为电解质，其结构与质子交换膜燃料电池类似。但阴离子交换膜在燃料电池中营造出碱性环境使非贵金属催化剂可以应用在低温燃料电池当中，这有望解决低温燃料电池贵金属催化剂成本过高的问题。同时，非贵金属催化剂对富氢燃料中的杂质（如一氧化碳、硫化物）有更高的耐受度，降低了对富氢燃料纯度的要求，也进一步降低了成本。目前，阴离子交换膜燃料电池在稳定性与运行寿命方面与质子交换膜燃料电池尚有差距。

（5）熔融碳酸盐燃料电池

熔融碳酸盐燃料电池可采用净化煤气或天然气作燃料，是目前单机容量最大的燃料电池，主要应用于分布式电站。熔融碳酸盐燃料电池属于高温燃料电池，工作温度为 $600 \sim 700$ ℃。工作原理是利用空气极的 O_2（空气）和 CO_2 与电子相结合，生成 CO_3^{2-}，电解质将 CO_3^{2-} 移到燃料极侧，与作为燃料供给的 H^+ 相结合，放出电子，同时生成 H_2O 和 CO_2。具体的电化学反应式为

阴极反应：
$$1/2O_2+CO_2+2e^- \longrightarrow CO_3^{2-} \qquad (4\text{-}19)$$

阳极反应：
$$H_2+CO_3^{2-} \longrightarrow CO_2+H_2O+2e^- \qquad (4\text{-}20)$$

电池总反应：
$$1/2O_2+H_2 \longrightarrow H_2O \qquad (4\text{-}21)$$

（6）固体氧化物燃料电池

固体氧化物燃料电池属于全固态化学发电装置，工作温度一般为 $800 \sim 1\,000$ ℃，其电解质为固体氧化物，能够在高温下传递 O^{2-}，同时能够

分隔氧化剂和燃料。O_2 分子在阴极侧发生还原反应生成 O^{2-}，在氧浓度差与隔膜两侧电势差的双重作用下，O^{2-}定向跃迁至阳极侧与燃料发生氧化反应。固体氧化物燃料电池具有发电效率高、燃料适应性强、高温余热可回收等优点，在大型发电、分布式发电、热电联供、交通运输及调峰储能等领域均具有广阔的应用前景。

2. 氢燃料电池的应用

（1）氢燃料电池汽车

氢燃料电池汽车的产业化是氢能应用的先导领域。根据国际氢能委员会的预测，到 2050 年，氢燃料电池汽车将占据全球车辆的 20% ～ 25%。氢燃料电池汽车涵盖乘用车（如丰田 Mirai）、大客车（如丰田 SORA 巴士）、物流车、重卡、叉车等各种车辆。氢燃料电池的能量密度可比锂离子电池高 2 ～ 3 倍，因此氢燃料电池汽车相比锂离子电池汽车在长续航能力方面更具优势。以丰田 Mirai 为例，第一代 Mirai 的续航里程比 Tesla Model 3 长约 10%，可达 500 km；第二代 Mirai 的续航里程可达 700 km。氢燃料电池汽车和锂离子电池汽车最大的差异在于燃料的补给时间。例如，丰田 Mirai 在 3 min 内可完成氢气加注，而锂离子电池汽车常规充满电的时间约 8 h。尽管 Tesla 推出了快充技术，可在 18 min 内完成充电，但快充采用大电流，可能会影响电池的寿命。

（2）氢燃料电池分布发电

分布式热电联供系统直接针对终端用户，相较于传统的集中式生产、运输、终端消费的用能模式，分布式能源供给系统直接向用户提供不同的能源品类，能够最大程度地减少运输消耗，并有效利用发电过程产生的余热，从而提高能源利用效率，减少二氧化碳和其他有害气体的排放。分布式发电是指将发电系统以小规模（低于 50 MW 的小型模块）分散的方式布置在用户周围，可以独立地输出电、热和冷能。分布式发电方式不需要远距离输配电设备，输电损失显著减少，并可按需要方便、灵活地利用排气热量实现热电联产和冷热电三联产。相比其他分布式发电方式，氢燃料电池基于燃料与催化剂间的化学反应，将化学能转换为电能和热能，具有效率高、无污染等优点。从表 4-5 中可以看出，氢燃料电池系统的发电效率为 50% ～ 60%，加上热能的回收利用，综合能效可达 90% 以上。

表 4-5　氢燃料电池分布式发电技术参数

类型	规模	效率 /%	适用场景
质子交换膜燃料电池	1 ～ 500 KW	40%	轻型中等负载的交通应用，家用偏远发电，独立发电，高品质发电
磷酸燃料电池	0.2 ～ 1.2 MW	40%	中等负载的交通应用商用，热电联供，高品质发电
熔融碳酸盐燃料电池	1 ～ 20 MW	55%	重型负载的交通应用，高品质发电
固体氧化物燃料电池	3 ～ 25 MW	40% ～ 65%	家用，商用，热电联供，高品质发电，偏远地区发电

（3）备用电源

备用电源是供电系统不可或缺的一个产品。柴油发电机、锂电池或铅酸蓄电池是传统上常采用的备用电源。然而柴油发电机运营成本高、噪声大、环境污染大，锂电池和铅酸蓄电池寿命短、能量密度低、续航能力差。氢燃料备用电源具有清洁环保、无噪声、长续航等优势。英国 Intelligent Energy 公司为印度电信通信塔部署的氢燃料电池备用电源，覆盖了 27 400 座通信塔，有效解决了印度电力系统不稳定带来的通信问题。

4.4.2　氢气工业应用

氢气是重要的工业原料，被广泛用于化工生产、冶金等工业领域。

1. 化工生产

（1）合成氨

氨的生产较为简单，工业上采用氮气与氢气在高温、高压和催化剂的条件下合成氨。理论上合成 1 t 氨需要 0.82 t 氮气和 0.18 t 氢气。目前，合成氨工业用氢量最大，全球超过 37% 的氢气用于生产合成氨，所用氢气主要来源于由煤炭和天然气制备的灰氢。

（2）制备甲醇

甲醇是基础的有机化工原料，利用二氧化碳催化加氢制甲醇是氢应用的重要途径之一。利用可再生能源电解水产生的绿氢与捕集的二氧化碳反应制备绿色甲醇，是未来合成甲醇的重要技术路线。杭州第 19 届亚运会开幕式首次使用绿色甲醇作为主火炬塔燃料。

（3）石油炼制

氢气是石化领域的重要原料之一。石油炼制的用氢量仅次于合成氨和制甲醇。利用加氢裂化、加氢精制等工艺，可改善、改变重油性质，将重油转化为轻质油品，有效提高了石油的精炼效率，获得更多高附加值的产品。目前，石油化工用氢仍主要依赖化石能源制氢或工业副产氢。

2. 氢冶金

氢冶金用氢气取代碳作为还原剂和能量源炼铁，还原产物为水，可从源头彻底降低污染物与二氧化碳的排放量，是目前实现零碳排放的重要途径。目前主流的氢冶金技术路线主要包括高炉富氢冶金、气基竖炉直接还原冶金和短流程炼钢。基本化学反应式为

$$Fe_2O_3 + 3H_2 \longrightarrow 2Fe + 3H_2O \qquad (4\text{-}22)$$

（1）高炉富氢冶金

氢气作为清洁能源，其分子半径小、密度低、黏度低、导热性好，有利于扩散和热交换，是高炉富氢冶金的理想原料。高炉富氢冶金是指通过在高炉中喷吹氢气或富氢气体参与冶金的过程。相关实验表明，高炉富氢冶金在一定程度上能够通过加快炉料还原，减少碳排放。高炉富氢还原的主要途径是在高炉冶炼过程中喷吹氢气、天然气、焦炉煤气等纯氢或富氢气体。焦炉煤气和天然气的主要成分是氢气和甲烷。在高炉风口回旋区，甲醛转化为氢气和一氧化碳。高炉富氢冶金改变了传统高炉炉料还原的热力学和动力学条件，但不同富氢介质的适宜喷吹量、喷吹效果存在差异。

（2）气基竖炉直接还原冶金

气基竖炉直接还原冶金是指通过使用氢气与一氧化碳混合气体作为还原剂参与冶金过程。氢气作为还原剂使碳排放得到了有效控制。相较于高炉富氢冶金，二氧化碳排放量可减少 50% 以上。气基竖炉直接还原工艺采用的是直接还原技术，不需要炼焦、烧结、炼铁等环节，能够从源头控制碳排放，减排潜力较大，是迅速扩大直接还原铁生产的有效途径。但气基竖炉存在吸热效应强、

入炉氢气气量增大、生产成本升高、氢气还原速率下降、产品活性高和难以钝化运输等诸多问题。

（3）短流程炼钢

传统的冶炼工艺是"高炉＋转炉"，被称为长流程炼钢。氢冶金短流程炼钢是把电弧炉与连铸连轧相结合的一种生产技术，是指回收后再利用的废钢，经简单加工（破碎或剪切、打包等）后直接装入电炉中熔炼，经精炼炉，得到合格钢水，之后工序与长流程炼钢相同。这种炼钢流程简捷，生产周期短，是理想的低碳冶金路径之一。

4.4.3　其他应用

随着医疗与工程技术的进步，氢气的一些潜在应用也得到发展。以氢气疗法为例，据研究，氢气分子能在体内快速扩散，进入各种蛋白质等大型生物分子内部，选择性地与羟基自由基反应，减少羟基自由基对细胞组织的破坏，从而使氢成为一种有效的生物抗氧化剂。氢气的摄取方式有注射富氢生理盐水、饮用富氢水，眼部滴入富氢溶液，直接吸入 $1\% \sim 4\%$ 的氢气以及透析等。近期，还有利用各种微米、纳米级的材料实现氢的原位释放的研究被发表。例如，$PdH_{0.2}$ 纳米晶体在光照条件下释放氢气；MgB_2 与胃酸的反应，将叶绿素 a/L- 抗坏血酸 / 金纳米颗粒包裹在脂质体微泡内，在光照条件下生产氢气等。利用微米、纳米级的氢化物或者载体的优势在于其氢含量更高，而且可以控制氢释放的速度。

4.5　氢泄漏检测技术

氢的生产、储运过程中常伴有易燃、易爆、高压、低温、氢脆等风险，因此氢能产业在发展过程中必须关注安全问题。

氢泄漏检测是保障氢安全和提高氢利用率的重要技术。利用氢气传感器可以定量检测氢气的浓度，并在浓度超过一定程度时发出警报，是常用的氢泄漏检测技术。氢气传感器包括催化型、电化学型、电学型（金属氧化物半导体、肖特基二极管等)、热导型、光学型等多种类型,不同氢气传感器的特点如表 4-6 所示。

表 4-6 不同氢气传感器的特点

类型	工作原理	工作条件	参数	优点	缺点
催化型传感器	气体与传感器表面的氧反应,释放热量	−20 ～ 70 ℃,5% ～ 95% 相对湿度,70 ～ 130 kPa	测量范围小于 4%,响应时间小于 20 s,功耗约为 1 W,寿命大于 5 a	坚固、准确、稳定,耐用性好,工作温度范围宽,成本低	高检测限,易中毒和交叉敏感,高功率使用,高成本,大尺寸,需要氧气进行操作
电化学型传感器	氢气与传感电极发生电化学反应,引起电荷传输或电学性质的变化,传感器通过检测化学信号的变化实现氢气浓度检测	−20 ～ 55 ℃,5% ～ 95% 相对湿度,80 ～ 110 kPa	测量范围小于 4%,响应时间小于 30 s,功耗为 0.002 ～ 0.7 W,寿命为 2 a	低检测限、低成本、低功耗、小尺寸,对相对湿度的依赖性低,对氢的灵敏度高,适当的价格、精度和选择性	易中毒,0 ℃ 以下性能差;由于电极催化剂降解,灵敏度随时间增长而降低
金属氧化物半导体传感器	氢气扩散到传感层并与氧反应后,吸附在半导体金属氧化物表面,吸附层的电阻率降低,且下降值随氢气浓度的增加而增加	−20 ～ 70 ℃,10% ～ 95% 相对湿度,80 ～ 120 kPa	测量范围小于 2%,响应时间小于 30 s,功耗小于 0.8 W,寿命为 2 ～ 4 a	成本低,灵敏度高,寿命长,对湿度的敏感度低	精度低,依赖温度和湿度,受环境影响较大,输出线形不稳定,需要氧气进行操作
热导型传感器	根据不同浓度气体对应的热导率不同的特性,实现对气体浓度的检测	0 ～ 50 ℃,0 ～ 95% 相对湿度,80 ～ 120 kPa	测量范围为 1% ～ 100%,响应时间小于 60 s,功耗小于 0.5 W,寿命大于 5 a	准确度高,检测范围宽,不需要氧气,不易中毒,成本低	测量极限高,成本高,对温度依赖性大,对氢气交叉敏感
光学型传感器	利用光学变化来检测氢气	−15 ～ 50 ℃,0 ～ 95% 相对湿度,75 ～ 175 kPa	测量范围 0.1% ～ 100%,响应时间小于 60 s,功耗约为 1 W,寿命小于 2 a	无着火风险,监控范围广,对噪声不太敏感,可在缺氧条件下运行	对环境光干扰和温度变化敏感,成本高

第 5 章

碳捕集、利用与封存

2019 年，二十国集团（G20）能源与环境部长级会议首次将 CCUS 技术纳入议题。根据国际能源署的预测，要达到《巴黎协定》的气候目标，到 2060 年，累计减排量的 14% 来自 CCUS，且任何额外减排量的 37% 也来自 CCUS。CCUS 技术可以实现化石能源大规模可持续低碳利用，帮助构建低碳工业体系，且与生物质或空气源结合具有负排放效应，是我国碳中和技术体系的重要组成，也是大规模减少碳排放、减缓全球变暖最有前景的方法之一。CCUS 技术体系的内涵和外延逐步拓展至生物质能 – 碳捕集与封存（bio-energy with carbon capture and storage，BECCS）和直接空气捕集（direct air capture，DAC），其技术路径如图 5-1 所示。

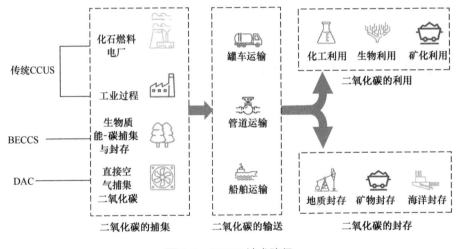

图 5-1 CCUS 技术路径

5.1 碳捕集技术

碳捕集技术是指利用物理和化学的技术将二氧化碳分离和富集的过程，可应用于燃煤和燃气电厂、煤化工、水泥和建材、钢铁和冶金等大量使用一次化石能源的工业行业。根据碳捕集原理不同，碳捕集技术可分为吸收技术、吸附技术、膜分离技术、富氧燃烧技术、化学链捕集技术和电化学捕集技术、生物质能 – 碳捕集与封存技术、直接空气捕集技术等。

5.1.1　吸收技术

早在 20 世纪 70 年代，国外就已经开展了碳捕集相关的研究。全球正在运行的 CCUS 项目中，大多数采用吸收技术。吸收技术包括物理吸收技术与化学吸收技术。我国的燃烧前物理吸收技术已经处于商业应用阶段，与国际先进水平同步；相较国际上的商业应用阶段，我国的燃烧后化学吸收技术还处于工业示范阶段。

1. 物理吸收技术

物理吸收技术是利用二氧化碳与气源中其他组分的溶解度差异实现二氧化碳分离脱除。其过程遵循亨利定律，即二氧化碳在气源中的平衡分压越高，其溶解度越大，适用于二氧化碳在气源中浓度较大且其他气体与二氧化碳相比溶解度差异较大的情况。低温高压是物理吸收技术的最佳操作条件。在众多物理吸收剂中，发展较好、应用广泛的吸收剂包括甲醇、聚乙二醇二甲醚、N-甲基吡咯烷酮、碳酸丙烯酯。目前，全球正在运行的 CCUS 项目中物理吸收技术主要是低温甲醇洗与聚乙二醇二甲醚法。

（1）低温甲醇洗

低温甲醇洗也称 Rectisol 工艺，由德国林德（Linde）和鲁奇（Lurgi）公司联合开发，是最早应用于合成气洗涤净化的工艺。利用甲醇在低温下对酸性气体溶解度高的特性，以冷甲醇为吸收溶剂，脱除原料气中的酸性组分，如图 5-2 所示。低温甲醇对二氧化碳、硫化氢的溶解度高，选择性强，传质及传热性能好，Rectisol 工艺已被广泛应用于以重油和煤为原料合成氨工业中的气体净化。然而，甲醇吸收剂不易降解、黏度小、稳定性较高，且必须在低温（通常为 $-40 \sim -62\ ℃$）环境下运行，工艺复杂，设备材料要求比较严格，因此，设备投资费用偏高。

齐鲁石化 – 胜利油田百万吨级 CCUS 项目（见图 5-3）是国内最大的碳捕集、利用与封存全产业链示范项目，采用低温甲醇洗法捕集二氧化碳。其正式注气运行标志着我国 CCUS 产业开始进入技术示范中后段——成熟的商业化运营。该项目捕集的二氧化碳运送至胜利油田进行驱油封存，实现碳捕集、驱油与封存一体化应用，每年可减排 100 万 t 二氧化碳，对搭建"人工碳循环"模式具有重要意义。

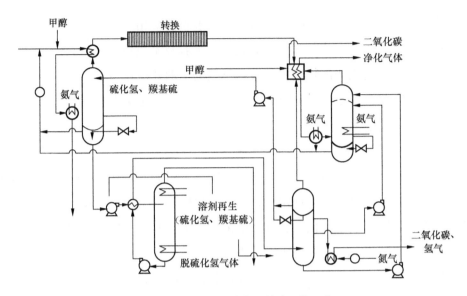

图 5-2　Rectisol 脱硫、脱碳工艺示意

图 5-3　齐鲁石化 - 胜利油田百万吨级 CCUS 项目

（2）聚乙二醇二甲醚法

聚乙二醇二甲醚法也称为 Selexol 工艺或 DEPG 工艺，是以聚乙二醇二甲醚 [$CH_3O(C_2H_4O)_nCH_3$, n=2 ～ 9] 混合物为吸收剂的一种气体净化工艺，如图 5-4 所示，通常需要经过选择性彻底脱除硫化氢和深度脱除二氧化碳两个阶段，溶剂再生可通过气提或加热的方式来实现。聚乙二醇二甲醚对二氧化碳和硫化氢气体分离效果好，且分离能耗较低，化学性质稳定，对设备腐蚀性小。但流程

复杂，溶剂成本较高。此外，聚乙二醇二甲醚黏度较大、传质速度较慢，在低温条件下会降低吸收过程的传质速率和塔板效率，因此需加大溶剂循环量，造成操作费用高。南化集团研究院于 20 世纪 80 年代初开发了一种以聚乙二醇二甲醚同系物为吸收剂的脱碳脱硫工艺（简称 NHD 工艺）。目前，NHD 工艺已广泛用于天然气、炼厂气等工业过程中酸性气体的脱除。NHD 溶剂具有良好的稳定性，溶剂蒸汽压低，溶剂损失小，但仍然存在设备投资高、溶剂成本高等问题。

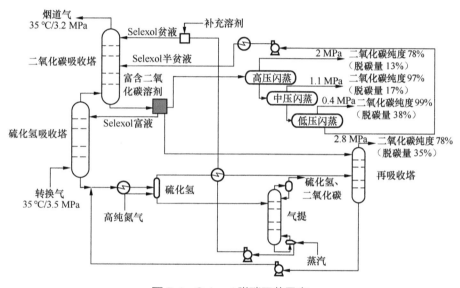

图 5-4 Selexol 脱碳工艺示意

（3）其他技术

碳酸丙烯酯法也称 Flour 或 PC 工艺，由福陆（Fluor Daniel）公司开发，自 20 世纪 50 年代末开始使用。碳酸丙烯酯溶剂对混合气中的二氧化碳具有很好的选择性，同时对其他组分气体溶解性能极差，溶剂再生后也能获得较为纯净的二氧化碳气体。碳酸丙烯酯工艺成熟，溶剂性能稳定，流程相对简单，二氧化碳回收率也高。但溶剂损耗较大，腐蚀问题比较严重，主要用于合成氨厂中二氧化碳的脱除。

N-甲基吡咯烷酮法简称 Purisol 或 NMP 工艺，通常在 −15 ℃条件下操作。N-甲基吡咯烷酮溶剂具有较高的沸点，溶剂损失极少，溶剂再生系统简单，对二氧化碳和硫化氢的溶解能力极强，适合于高压混合气中硫化氢和二氧化碳等酸性组分的脱除。但 N-甲基吡咯烷酮溶剂价格昂贵，因此 Purisol 工艺的大规模应用受到限制。

（4）应用与比较

物理吸收技术适用于气源压力大的燃烧前碳捕集过程，已经在 CCUS 工业示范工程以及商业化上得到了广泛的应用。例如，埃克森美孚的 Shute Creek 每年 700 万 t 碳捕集项目、美国 Great Plains 合成燃料厂每年 300 万 t 碳捕集项目、美国 Century Plant 每年 840 万 t 碳捕集项目，美国 Coffeyville Gasification 工厂每年 100 万 t CCUS 项目，美国 PCS Nitrogen 每年 36 万 t CCS 项目。此外，生物质气源产生的沼气中含有高浓度的甲烷与二氧化碳，甲烷体积分数在 50% ～ 75%，二氧化碳体积分数普遍接近 30%，通过物理吸收法能够达到高效的二氧化碳脱除效果。

本节介绍的 4 种物理吸收技术捕集二氧化碳工艺的比较如表 5-1 所示。低温甲醇洗具有较高的传质传热性能，溶剂毒性较大，制冷能耗过大的特点；聚乙二醇二甲醚法具有较高的二氧化碳选择性，溶剂黏度较大，传质传热性能较差，且溶剂再生能耗过大的特点。

表 5-1　物理吸收技术捕集二氧化碳工艺对比

项目	低温甲醇洗	聚乙二醇二甲醚法	碳酸丙烯酯法	N-甲基吡咯烷酮法
操作温度 / ℃	–40	0	10	–15
溶剂循环量	适中	大（低温下传质黏度影响较大）	大	大
二氧化碳脱除效果	好	好	较好	较好
设备要求	高（低温碳钢）	一般	一般	一般
溶剂损失	严重（沸点较低）	严重（高温易发生分子聚合）	一般	一般
热公用工程	中	高	高	高
冷公用工程	高	中	低	中

2. 化学吸收技术

化学吸收技术通过碱性的化学吸收剂或其水溶液在一定条件下与酸性的二氧化碳气体反应，将二氧化碳从气源中分离出来，反应后的溶液经过再生释放二氧化碳，吸收剂循环使用。化学吸收技术适合于燃烧后低浓度（一般 ≤20%）、低分压的碳捕集，如发电厂、燃煤电厂、水泥窑等烟气的二氧化碳分离，还可以应用于天然气的脱碳过程。有机醇胺溶液、氨水、碳酸钾水溶液是应用最广泛的化学吸收剂。

（1）有机胺法

有机胺法捕集二氧化碳已经有近 100 年的发展历史，有机胺在低温的环境下吸收二氧化碳，在高温下解吸释放二氧化碳，是碳捕集方法中最为常见的工艺。经过长期的研究，已形成单一胺、混合胺、两相吸收剂、离子液体等多种体系。早期单一胺溶液典型的溶剂有一乙醇胺（MEA）、二乙醇胺（DEA）、N-甲基二乙醇胺（MDEA）等，按氮原子上活泼氢原子的个数不同可分为伯胺（RNH_2）、仲胺（R_2NH）和叔胺（R_3N）（R 为烷基）3 类。

（2）混合胺法

混合胺法的概念于 1985 年被提出，旨在将单一胺的优势结合起来，达到更好的综合吸收性能。此后，MEA/MDEA、DEA/MDEA 等混合胺吸收剂相继被提出，环胺哌嗪（PZ）、多元胺（AEEA、BDA、MAPA）、空间位阻胺（AMP）、烯胺（DETA、TETA）、HMPD 等新型有机胺被发现，混合胺溶液得到充分的研究与广泛应用。例如，挪威 Snohvit 气田碳捕集项目、澳大利亚 Gorgon Carbon Dioxide Injection 项目使用活化的 MDEA 溶液作为吸收剂；我国锦界电厂每年 15 万 t CCUS 示范项目使用南化集团研究院的 MA 系列吸收剂进行燃烧后碳捕集。混合胺吸收剂是目前有机胺法吸收二氧化碳的主要吸收剂，具有烟气适应性好、碳捕集效率高、工艺成熟的优点，但存在氨逃逸问题。

（3）氨水法

氨水法也是烟气脱碳的手段之一。早在 1958 年，侯德榜提出的碳化法制备碳酸氢铵化肥设想就涉及了氨水吸收二氧化碳的技术概念。氨水法与有机胺法有着相似的碳捕集原理，氨与二氧化碳、水在一定温度下反应生成碳酸铵，当有过量的二氧化碳存在时，会继续发生反应生成碳酸氢铵。氨水法吸收二氧化碳的吸收容量较大且再生能耗低，但氨逃逸问题依然限制该方法的发展。后续提出了冷氨法，即在 0 ~ 20 ℃的环境下对二氧化碳进行分离以限制氨逃逸，但反应生成的碳酸氢铵与碳酸铵易变为沉浆，进而对设备造成腐蚀堵塞。

（4）热钾碱法

碳酸钾在低温下溶解度较低，利用碳酸钾吸收二氧化碳的方法需要在 50 ～ 80 ℃的环境下进行，因此又被称为热钾碱法。解吸时高温加热富液，使碳酸氢钾释放二氧化碳，从而变为碳酸钾循环使用。热钾碱法的优势在于其成本较低、耐降解、再生能耗低，但其吸收容量不理想且吸收速率慢。目前，使用碳酸钾作为吸收剂时，通常向其中添加活化剂，如二乙醇胺（DEA）、哌嗪（PZ）等醇胺有机物。美国 Enid Fertilizer 化肥厂利用哌嗪作为活化剂的本菲尔法进行碳捕集，年捕集量约为 70 万 t。

（5）应用与比较

化学吸收技术适合应用于燃烧后烟气的二氧化碳分离，工业应用包括加拿大 Boundary Dam 每年 100 万 t 碳捕集项目、美国 Petra Nova 每年 140 万 t 碳捕集项目、美国 Powerspan 20 t/d 二氧化碳化学吸收工程；国内国能锦界能源有限责任公司 15 万 t/a 碳捕集示范项目、华能上海石洞口发电有限责任公司 12 万 t/a 碳捕集、封存项目等。

化学吸收技术也适用于燃烧前碳捕集，如天然气精炼脱碳领域。所处地域不同，开采出的天然气中二氧化碳的含量有较大差别，从 5% 到 70% 不等。当气源中的二氧化碳浓度较低时，可使用化学吸收技术对二氧化碳进行分离。

上述几种化学吸收技术捕集二氧化碳优缺点的比较如表 5-2 所示。化学吸收技术的能耗较高，腐蚀降解问题较严重，但其碳捕集效率高，分离出的二氧化碳纯度高，适合应用于大规模的 CCUS 项目中。

表 5-2　几种化学吸收技术捕集二氧化碳优缺点的比较

方法	优点	缺点
有机胺法	吸收容量大，吸收速率快，适合低浓度分压二氧化碳气源的碳捕集	投资成本较大，再生能耗较高，腐蚀性问题不容忽略
热钾碱法	吸收成本低，再生能耗相对较低，稳定性好	吸收速率慢，需要添加活化剂，吸收容量小
氨水法	吸收容量较大，再生能耗相对较低，可以协同滤除其他酸性气体	吸收速率极慢，氨逃逸损失大，难以控制

5.1.2　吸附技术

如图 5-5 所示，吸附技术利用多孔固体材料在其表面选择性捕获二氧化碳，随后通过温度、压力的变化释放二氧化碳，包括物理吸附和化学吸附。物理吸附通过固体吸附剂与气体的分子间弱作用力以及范德华力表现出对二氧化碳的优先吸附，在低温或者高压的环境下进行吸附，在高温或者减压的环境下解吸。化学吸附中二氧化碳与吸附剂之间发生化学反应。根据不同的解吸机理，吸附技术包括变压吸附（pressure swing adsorption，PSA）、变温吸附（temperature swing adsorption，TSA）和变电吸附（electric swing adsorption，ESA）等。

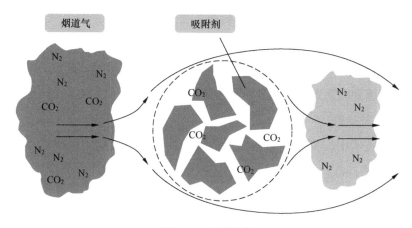

图 5-5　吸附技术

1. 变压吸附

变压吸附是最为典型的一种物理吸附技术，基于不同气体组分在固体吸附剂上吸附特性的差异性，以及吸附量随压力变化的特性，通过加压实现混合气体的分离，通过降压完成吸附剂的再生，从而实现混合气体的分离或提纯。工业变压吸附装置通常采用多个吸附床来共同完成吸附再生循环，以保证整个过程能连续地输入原料混合气，连续取出产品气和未吸附气体。吸附剂需要具有较大的比表面积、较大的孔隙率和较高的分离效率。开发高效、低成本的二氧化碳吸附剂是变压吸附技术推广应用的关键。

2. 变温吸附

变温吸附利用在不同温度下气体组分的吸附容量或吸附速率不同来实现气

体分离。变温吸附是最早实现工业化的循环吸附工艺，循环操作在两个平行的固定床吸附塔中进行，其中一个在环境温度附近吸附溶质，而另一个在较高温度下解吸溶质，使吸附剂床层再生。通过合理设计吸附和解吸的温度条件，可以提高变温吸附的能源利用效率。变温吸附具有较好的灵活性和适应性，并且可以与其他捕集技术相结合，实现更高效的碳捕集。然而，变温吸附循环时间较长，设备复杂度高，在吸附和解吸过程中能量损耗较大，这些方面仍然需要进一步研究和改进。

3. 变电吸附

变电吸附是一种用于气体净化和分离的新兴工艺，其实质是利用电流焦耳热效应实现吸附剂快速再生。相较传统的变温吸附而言，变电吸附升温更快，整体发热更均匀，解吸传质推动力显著提高，有利于提升吸附剂再生效率；变电吸附加热系统简单，能量直接传递给吸附剂，能显著降低能耗；可以独立控制气体的流速和吸附剂的升温速度；热量流和质量流同向，更有利于解吸。

4. 应用与比较

在吸附技术中，变压吸附是发展最成熟的方法，工业中吸附技术适合于压强大、低流量、高二氧化碳浓度、其他杂质气体组分少且水分含量低的气源。变压吸附在我国的天然气净化、制氢工业、合成氨、烟气碳捕集等领域发展较成熟。吉林油田二氧化碳摩尔分数为 26% 的黑 79 区块天然气气田采用 PSA 工艺，回收的二氧化碳纯度大于或等于 95%；美国 Port Arthur 项目采用真空变压吸附工艺，其制氢过程合成气中的碳捕集量达 100 万 t/a；荷兰 KTI、英国 ICI 公司在合成氨以及尿素生产领域使用变压吸附法进行碳捕集；我国山西瑞光热电公司 3 000 t/a 碳捕集项目通过变压 / 变温吸附进行碳捕集；国能锦界能源有限责任公司已建成千吨级吸附工业示范装置。

目前，常用吸附剂的吸附容量较小，在对气源中的二氧化碳进行分离时吸附、解吸频繁，对吸附装置和解吸设备（如真空泵）的要求高，应用于规模较大碳捕集项目的难度较高；吸附容量大、功能调控方便的新型吸附剂造价高，尚不能量产；此外，当气源中的水含量较多时，会严重影响常规吸附剂的吸附效果，因而限制了吸附法的发展。不同吸附技术优缺点的比较如表 5-3 所示。

表 5-3 不同吸附技术优缺点的比较

方法	优点	缺点
PSA	工艺成熟，应用场景广泛，吸附材料使用周期长	能耗高，变压设备复杂，占地面积大
TSA	能够对低品位余热资源有效利用，再生程度高	升温慢，吸附和解吸时间长，能耗高，吸附剂稳定性差
ESA	加热迅速，升温速度独立控制，吸附系统紧凑	吸附剂需要具有适宜的导电性

5.1.3 膜分离技术

膜分离技术是利用膜的选择透过性分离气体混合物，在分离膜的两侧利用压差产生的推动力使气体分离或者富集。根据对二氧化碳气体分离机理的不同，膜可分为分离膜和吸收膜两类。吸收膜利用化学吸收液对二氧化碳气体进行选择吸收，而分离膜起到了将二氧化碳与化学吸收液分隔开的作用，使得在吸收膜的两侧形成浓度差，为吸收膜吸收二氧化碳做准备。所以，在膜分离技术的实施过程中，往往需要吸收膜和分离膜两者共同来完成。膜分离技术原理如图 5-6 所示。

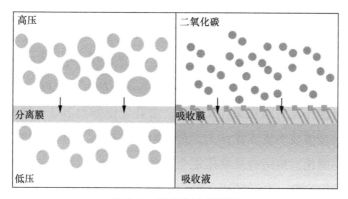

图 5-6 膜分离技术原理

与传统的吸收塔相比，膜分离技术可以在较宽范围内对气、液两相流速进行独立控制，而且气、液接触面大，能耗低，避免了液泛、雾沫夹带、沟流、鼓泡等现象。另外，膜分离技术更有利于燃煤电厂尾气中二氧化碳的回收后再次利用，利用膜分离技术回收的二氧化碳纯度高，可达到 95% 以上。

目前，膜分离技术的研究大多仍处于实验室阶段。膜分离技术的能耗较低、设备体积较小、易维护、无污染，与气源的接触面积大；但是现有膜材料的分离效果较差，对气源的要求较高，热稳定性与机械稳定性不理想，分离气体能耗大，难以适应工业上大规模连续运行。膜分离技术，除了要开发分离效果更好的膜材料，也需要探索与其他分离方法联合使用。膜分离材料包括高分子膜、无机膜、促进传递膜、混合基质膜和一些新型的膜材料。

1. 高分子膜

高分子膜一般通过溶解 – 扩散机理传递气体分子，常用渗透率和选择性表征气体分离膜的性能，而渗透率和选择性之间存在平衡（trade-off）现象。由于聚合物链的移动，在间隙之间可以形成一个通道，使得气体分子从一个间隙移动到另一个间隙，这样气体分子可以有效地通过膜结构扩散。通道大的高分子膜，气体的扩散速度比较快，但是选择性比较低。醋酸纤维素、聚酰亚胺、聚砜和聚醚酰亚胺等材料制成的膜均具有良好的气体选择性，但气体渗透率均较低；聚二甲基硅氧烷、聚三亚甲基硅烷丙炔等材料制成的膜具有较高的气体渗透率，但是选择性较低。利用接枝、交联、涂布沉积等聚合物膜表面改性方法，引入功能材料或改变聚合物膜表面官能团的组成，可以使改性膜获得一些新的性能。

2. 无机膜

无机膜分离二氧化碳主要基于分子筛分机理，因此气体渗透率和选择性通常比聚合物膜更高，并且能够应用于高温和高压下的气体分离。按照膜的结构，无机膜可分为多孔无机膜和无孔无机膜。多孔无机膜大多是一层薄的多孔选择层涂在多孔的金属或陶瓷支撑体上，传质阻力比较小。多孔无机膜能够避免二氧化碳诱导的塑化，更适合从高压混合气体中分离二氧化碳。常见的无机膜包括碳膜、二氧化硅膜、沸石膜等。

3. 促进传递膜

促进传递膜是受到生物膜内传递现象的启发，在高分子膜中引入活性载体，通过待分离组分与载体之间发生的可逆化学反应，实现待分离组分传递过程的强化。促进传递膜可分为移动载体膜和固定载体膜。与传统的聚合物膜相比，促进传递膜把载体引入膜结构当中，因此具有相当高的选择性和渗透率。

4. 混合基质膜

在高分子聚合物（高分子相）中加入无机填料（分散的粒子相），通过无机填料和高分子聚合物之间的相互作用制得的分离膜称为混合基质膜（mixed matrix membranes，MMM）。混合基质膜既有高分子膜的成膜性高、不易破碎等优点，又因引入无机填料而优化了高分子链的排布。无机填料包括碳纳米管、沸石分子筛、介孔二氧化硅、金属有机骨架（metal organic framework，MOF）等。其中，沸石分子筛、介孔二氧化硅和金属有机骨架研究最多。有机填料可控且有较好的柔韧性，与高分子聚合物基体相容性极好，可在一定程度上避免无机填料的一些问题，但由于其耐溶剂性和耐腐蚀性差，所以在苛刻的操作条件下不能保持良好的气体分离性能。常见的有机填料包括多孔有机聚合物、共价有机框架等。

5.1.4 富氧燃烧技术和化学链燃烧技术

1. 富氧燃烧技术

富氧燃烧（或称氧／烟气循环燃烧）是在现有电站锅炉系统基础上，用氧气代替助燃空气，结合大比例烟气循环（约 70%），调节炉膛内的燃烧和传热特性，直接获得富含高浓度二氧化碳的烟气（高达 80%），一部分烟气再循环进入炉膛，以此抑制过高的燃烧温度，剩余部分烟气则进行冷却、压缩及分离等过程，从而以较低成本实现碳捕集。富氧燃烧技术可分为常压富氧燃烧（atmospheric oxygen-combustion，AOC）和增压富氧燃烧（pressurized oxygen-combustion，POC）。

富氧燃烧最早由美国的 Abraham 于 1982 年提出，该技术既能在新的电站燃煤锅炉中使用，也可对旧的燃煤锅炉进行改造。研究表明，与现有的 CCS 技术相比，将常规机组改造为富氧燃烧系统进行碳捕集，成本降低了 35%，在碳捕集过程中的能耗较小，且改造难度和成本较低。另外，富氧燃烧气氛中氮气浓度较低、氧气浓度较高，还具有对环境影响小等优点。

富氧燃烧技术流程如图 5-7 所示。富氧燃烧机组的汽水侧工艺流程和常规燃煤发电机组的差异不大，烟风侧工艺流程变化主要体现在氧制备、氧／烟气循环燃烧和富二氧化碳烟气压缩纯化 3 个工艺系统上，具体对应空分系统、锅炉系统、压缩钝化系统。空分系统一般采用深冷技术，获得富氧燃烧所需的高纯氧。

富氧燃烧技术具有燃烧速率高、燃尽率大、烟气量少、锅炉排烟损失低、硫氮污染物低等优点。国外富氧燃烧技术的发展比较成熟，在航空发动机和船舶燃烧系统中已有应用，且工业炉窑大部分都装配有富氧燃烧系统，并取得了明显的成效。另外，富氧燃烧技术在化学领域、石油领域也有应用。国内富氧燃烧技术在炼铁高炉、玻璃熔炉、加热炉中已有成功的应用，尤其在工业炉窑的应用不断趋于成熟。

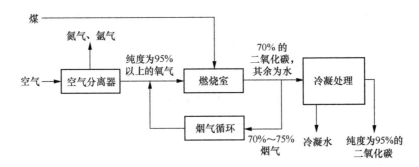

图 5-7　富氧燃烧技术流程

2. 化学链燃烧技术

化学链燃烧技术利用固体载氧体（金属氧化物等）将空气中的氧传递给燃料进行燃烧，避免了燃料与空气直接接触，实现了在燃烧过程中二氧化碳的内分离。该技术不需要空分制氧，在燃烧中可直接产生不含氮气的高浓度二氧化碳烟气，降低了碳捕集能耗和成本，减小了系统净效率损失。化学链燃烧技术通常用于煤的低碳燃烧，也能用于生物质、石油焦、污泥以及天然气等燃料；既能用于新建的燃煤发电装置，也能用于传统电站的改造。

化学链燃烧技术可分为原位气化化学链燃烧（iG-CLC）和氧解耦化学链燃烧（CLOU）两类，如图 5-8 所示。iG-CLC 利用水蒸气和（或）二氧化碳将燃料首先转化为氢气、一氧化碳及其他可燃挥发分，这些挥发分随后与铁矿石等载氧体发生气固氧化反应，生成以二氧化碳和水蒸气为主要成分的烟气。CLOU 采用能够释放气态氧的载氧体（如 CuO），气态氧有利于强化固体燃料和半焦的燃烧、提高碳转化率和碳捕集率。iG-CLC 能够以廉价的铁矿石等作为载氧体，技术较成熟，得到了更多关注，但难以实现燃料的完全转化。CLOU 能够释放气态氧分子，有利于提高燃料的转化率，但采用的载氧体成本较高。

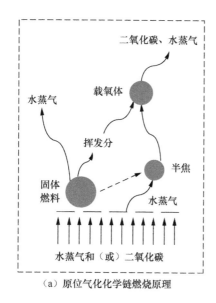
（a）原位气化学链燃烧原理

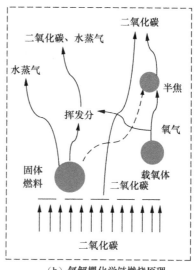
（b）氧解耦化学链燃烧原理

图 5-8　化学链燃烧技术原理

富氧燃烧和化学链燃烧作为新型的碳捕集技术，与燃烧前、燃烧后碳捕集技术相比，燃烧烟气中几乎不含氮气，二氧化碳纯度高，从而避免了从复杂烟气中分离提纯二氧化碳。富氧燃烧技术和化学链燃烧技术优缺点的比较如表 5-4 所示。

表 5-4　富氧燃烧技术和化学链燃烧技术优缺点的比较

技术	优点	缺点
富氧燃烧技术	燃烧速率高，燃尽率大，烟气量少，锅炉排烟损失低	投资成本与运行成本较高
化学链燃烧技术	降低了碳捕集能耗和成本，减小了系统净效率损失	系统结构较为复杂，燃烧温度高，载氧体高温烧结严重

5.1.5　电化学捕集技术

电化学捕集二氧化碳技术是一种将气态二氧化碳转化为液态或固态的技术，其基本原理是利用电化学反应将二氧化碳转化为可溶于水的化合物，然后通过电解或其他方法将其分离出来。

谢和平院士团队提出了高效二氧化碳电化学捕集新原理新技术，利用质子耦合电子转移反应（PCET）促进二氧化碳吸收，实现高效的二氧化碳电化学捕集。美国莱斯大学汪淏田课题组设计了一种连续电化学二氧化碳捕集电解槽,通过催化剂/膜界面形成的高浓度氢氧根离子实现高效、低能耗的烟道气碳捕集,烟道气二氧化碳去除效率大于98%。

近年来,电化学捕集技术凭借其低能耗、灵活性和可持续性的潜力成为减少二氧化碳排放和实现碳中和的研究热点。电化学捕集技术通常依靠氧化还原捕集介质或通过调节溶液pH值来吸收和释放二氧化碳。例如,具有氧化还原活性的载体(如醌类化合物)因其快速的还原和氧化反应动力学而具有高能量效率的优势,然而,它们的实际应用受到捕集速率较低(通常小于10 mA/cm²)和对大多数二氧化碳来源中存在的氧气敏感性的限制。总体而言,电化学捕集技术具有高效、可逆、环保、低能耗的优势,但存在低二氧化碳浓度限制、反应时间长等问题。

5.1.6 生物质能–碳捕集与封存技术

在新的应用场景与深度碳减排需求下,捕集源开始由传统的能源/工业设施,逐步拓展至生物质和空气等中性碳源。生物质能–碳捕集与封存(BECCS)是一种碳负排技术,主要分为生物能源步骤以及碳捕集与封存步骤,如图5-9所示。生物能源步骤是指生物质被转化为热、电、液体和气体燃料的过程;碳捕集与封存步骤是指生物能源转化产生的碳排放被捕集并储存在地质构造中或嵌入长效产品中。

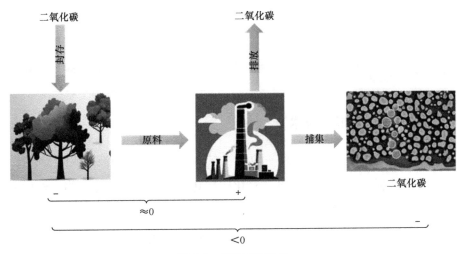

图5-9 BECCS概念

此外，BECCS 技术通过"生物质利用 + CCS/CCUS"的技术组合，可将大气中的二氧化碳转化为有机物，并以生物质的形式积累储存下来。这部分生物质可以直接用于燃烧，或合成其他高价值的清洁能源，实现了生物质原料从产生到利用全过程的负碳排放目标。总之，BECCS 技术具有显著的碳减排效果、可再生性和经济效益，但存在资源限制、投资和运营成本较高等问题。

目前，BECCS 技术在电力行业的应用仍处于快速研发阶段。英国 Drax 电厂通过生物质耦合发电，每天从烟气排放能源中捕集 1 000 kg 二氧化碳，这是世界上第一次从 100% 的生物质原料燃烧过程中捕集二氧化碳。美国 ADM 工厂收集乙醇生产发酵的副产品形成的纯二氧化碳气体，注入附近的西蒙山砂岩盐层，每年从生物乙醇设施中捕集多达 100 万 t 的二氧化碳。

5.1.7　直接空气捕集技术

直接空气捕集（DAC）技术是一种回收利用分布源排放二氧化碳的技术，可以有效捕集交通、农林、建筑等行业分布源排放的二氧化碳。DAC 技术工艺流程由空气捕捉、吸收剂或吸附剂再生、二氧化碳储存三大部分组成，如图 5-10 所示。该技术不仅可对分布源排放的二氧化碳进行捕集处理，还可有效降低空气中的二氧化碳浓度。空气中的二氧化碳与吸附剂反应进行捕集，随后吸附剂通过改变热量、压力或温度解吸二氧化碳进行吸附剂的再生，再生后的吸附剂可再次用于捕集二氧化碳，达到固碳的目的。

DAC 技术具有可逆性、环境污染小、可以捕集较低浓度的二氧化碳等优势，但存在产生能源消耗、投资运营成本高、有空间限制等问题。目前，瑞士 Climeworks、加拿大 Carbon Engineering 及美国 Global Thermostat 等公司已有多个运营成功的 DAC 项目。2021 年 9 月，由瑞士公司 Climeworks 建造，并在冰岛投产的工厂 Orca 是目前最大的 DAC 设施，每年可捕获 4 000 t 二氧化碳用于储存（通过矿化）。第一座二氧化碳捕获高达 100 万 t/a 的大型 DAC 装置由美国西方石油公司承建，预计将于近年在美国得克萨斯州埃克托县投入运营。

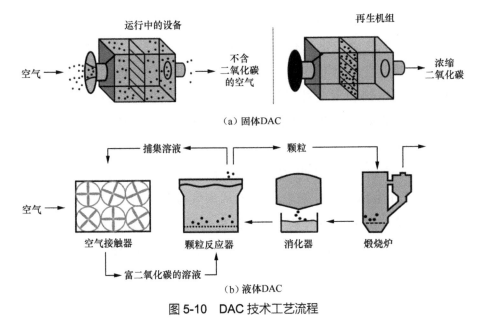

图 5-10　DAC 技术工艺流程

5.2　碳利用技术

碳利用技术利用人为捕集的二氧化碳制造建筑材料、合成燃料或化学品等增值产品,具有显著的经济效益,也是人工碳循环的重要组成部分。碳利用技术主要分为化学利用技术、生物利用技术、物理利用技术、矿化利用技术等。

5.2.1　化学利用制备化学品技术

随着对二氧化碳化学转化技术的系统研究,从二氧化碳出发制备化学品的新兴路线已经成为学术界的前瞻热点,相关技术也受到了能源、化工等产业界的广泛关注,未来化学品合成必将从当前的石油和煤炭等化石原料逐渐转变为更加绿色、环保、可持续的二氧化碳基路线。

1. 二氧化碳重整甲烷制备合成气技术

二氧化碳重整甲烷制备合成气(CO$_2$ reforming of methane,CRM)技术指在催化剂作用下,二氧化碳和甲烷在 600 ~ 900 ℃的温度下反应生成合成气的过程,反应方程式为

$$CO_2 + CH_4 = 2CO + 2H_2 \qquad (5-1)$$

目前，我国合成气主要通过煤气化技术制备，该技术制备合成气的碳效较低，是造成煤化工过程水耗大、排放高的主要原因。而二氧化碳重整甲烷制备合成气技术可同时将两种温室气体转化为具有较高附加值的合成气产品，兼具环保和减排优势；所得合成气的氢碳比与下游利用过程的匹配性较好；还可直接利用煤化工副产的二氧化碳，提升过程的整体碳效，显著降低煤化工产品的碳排放强度；能够与甲烷蒸汽重整、甲烷部分氧化等过程耦合形成"多重整"过程，在反应供能和合成气氢碳比调控等方面灵活性较高。

2. 二氧化碳裂解经一氧化碳制备液体燃料技术

一氧化碳是一种重要的有机化工产品和中间体合成原料，由一氧化碳出发可以制备几乎所有的液体燃料或基础化学品。近年来，有研究者将太阳能集热和化学循环技术进行耦合，以期借助太阳提供的高温环境，通过金属氧化物的氧化 - 还原循环将二氧化碳裂解为一氧化碳和氧气，从而形成二氧化碳裂解经一氧化碳制备液体燃料技术。

二氧化碳裂解经一氧化碳制备液体燃烧技术的主要特点包括：① 直接使用气态二氧化碳作为唯一原料，绿色化程度高，污染小；② 所需的高温条件可与太阳能集热技术耦合，能耗低，产品减排强度高；③ 能够与水的热分解反应耦合，同时实现合成气和氧气的制备，形成"人造光合作用"技术。

3. 二氧化碳催化加氢合成汽油技术

2022 年 3 月，由中国科学院大连化学物理研究所与珠海市福油能源科技有限公司联合研制的全球首台千吨二氧化碳加氢制汽油设备成功生产出标准清洁汽油产品。该技术使二氧化碳和氢气的转化率达到 95%，为解决全球温室效应和石油短缺问题提供了新的方案。二氧化碳制备汽油主要是通过逆水煤气变换反应（RWGS）将二氧化碳还原为一氧化碳，然后通过费托合成转化为 α - 烯烃，再经过聚合、芳构化、异构化等，最终生成汽油馏分。

4. 二氧化碳加氢合成甲醇技术

二氧化碳加氢合成甲醇技术指利用氢气与二氧化碳作为原料气，在催化剂（铜基或其他金属氧化物催化剂）作用下将二氧化碳还原成为甲醇的过程。其化学反应式为

$$CO_2 + 3H_2 \longrightarrow CH_3OH + H_2O \qquad (5\text{-}2)$$

目前，我国甲醇的生产主要通过煤气化 – 合成气路线进行，过程需要消耗大量的化石能源，同时伴随着水资源的消耗和污染物的排放，给生态环境造成了巨大的压力。二氧化碳加氢合成甲醇技术的优点包括：① 能够将二氧化碳温室气体转化为具有巨大市场需求的甲醇产品，在具有经济价值的同时实现显著的减排效益；② 可与清洁电力制氢技术深度融合，提升可再生能源消纳能力，实现资源利用的最大化；③ 可直接将煤化工产业中副产的高浓度二氧化碳和富氢弛放气进行整合再利用，提升煤化工过程的整体碳效，提高经济效益，同时显著降低煤化工过程的碳排放强度；④ 以甲醇为中间桥梁，提高煤化工与下游产业融合的深度和广度。

5. 二氧化碳加氢直接制烯烃技术

二氧化碳加氢直接制烯烃技术的本质是通过串联催化过程，实现二氧化碳分步还原的一体化，直接获取低碳烯烃产物，其化学反应式为

$$nCO_2 + 3nH_2 \longrightarrow C_nH_{2n} + 2nH_2O \tag{5-3}$$

在过程机理方面，二氧化碳加氢直接制烯烃技术有两种路线：一种是氢气与二氧化碳经逆水气转换反应转化为一氧化碳，然后一氧化碳作为中间体经过费托路线合成烯烃；另一种是二氧化碳先加氢转化为甲醇，然后甲醇再转化为烯烃。

相对于传统的烯烃制备方法（石油裂解、甲醇制烯烃），二氧化碳加氢直接制烯烃技术的主要特点包括：① 产物烯烃往往用于制备市场需求大、使用寿命长的聚合物产品，技术减排潜力高，固碳周期长；② 烯烃也是新型煤化工技术的重要产品之一，而煤化工过程也会大量排放高纯度二氧化碳，因此二氧化碳加氢直接制烯烃技术与煤化工过程的耦合度较高，有望形成高效低碳的集成方案。

6. 二氧化碳光电催化转化技术

二氧化碳光电催化转化技术指通过光电催化剂作用，将二氧化碳在电解质水溶液中还原生成不同产物的过程。以生成一氧化碳为例，其化学反应式为

$$2CO_2 \longrightarrow 2CO + O_2 \tag{5-4}$$

相对于传统的一氧化碳制备方法（煤气化、CH_4 重整等）而言，二氧化碳光电催化转化技术的主要特点包括：① 反应条件温和，常温常压条件下就能够高效地将二氧化碳还原转化为目标产物，理论上无任何污染物产生，兼具高能

效和减排效益；② 设备装置简单、基建投入 / 产出比高；③ 供给的能量来源可完全来自低品阶的可再生能源，并将其转换为能量密度更高、可存储的化学能；④ 应用规模具有较大的灵活性，能够根据二氧化碳资源量、可再生能源调配量进行合理布置。

5.2.2　化学利用制备高性能材料技术

由二氧化碳合成高性能材料是二氧化碳化学利用领域的一个重要研究方向。从分子结构的角度来看，二氧化碳具有共聚和加成共聚形成聚合物材料的条件。结合国内外几十年的研究工作，二氧化碳合成聚碳酸酯（PC）和聚氨酯（PU）被认为是最实用的两种技术。

1. 二氧化碳合成可降解聚合物材料技术

二氧化碳合成可降解聚合物材料技术是指在催化剂作用下，二氧化碳与环氧丙烷等环氧化物在一定温度、压力下发生共聚反应，制备脂肪族聚碳酸酯的相关技术。

二氧化碳合成可降解聚合物材料技术的主要特点包括：① 材料 40% 以上质量来源于二氧化碳，使其成为成本最低的人工合成生物降解塑料；② 产品具有较好的阻隔性和成膜性，可广泛应用于地膜、包装材料等薄膜产品，通过与聚乳酸等高分子材料共混，也可用于制备注塑成型和吸塑成型材料；③ 采用该技术合成能够很大程度上缓解高分子材料合成对石油的依赖，实现二氧化碳的高附加值利用，所得的高分子材料又具有全生物降解特性，具有经济环保等多重意义。

2. 二氧化碳合成异氰酸酯 / 聚氨酯技术

二氧化碳合成异氰酸酯 / 聚氨酯技术是指以二氧化碳为羰基化试剂，将其与苯胺、甲醛共同反应，经脱水后获得异氰酸酯，并进一步转化为聚氨酯的过程。

异氰酸酯是制备战略性工程塑料聚氨酯的重要原料。二氧化碳合成异氰酸酯 / 聚氨酯技术以二氧化碳为羰基化试剂，取代剧毒光气，使得异氰酸酯 / 聚氨酯生产过程的安全性大大提高，从源头解决了光气法生产工艺的重污染和重大安全隐患；不涉及光气法安全控制问题，不但能够形成百万吨级别的工业装置，同时适合中小规模生产，有利于构建甲醇下游耦合利用生产多元化体系；

同时实现二氧化碳直接减排和间接减排；产品质量不受残余氯的影响。

3. 二氧化碳制备聚碳酸酯/聚酯材料技术

二氧化碳制备聚碳酸酯/聚酯材料技术基于二氧化碳与环氧乙烷合成碳酸乙烯酯，继而和有机二元羧酸酯耦合反应合成乙烯基聚酯（PET）以及聚丁二酸乙二醇酯（PES），同时联产碳酸二甲酯（DMC），碳酸二甲酯和苯酚合成碳酸二苯酯（DPC），碳酸二苯酯继而和双酚A合成芳香族聚碳酸酯（PC）。

聚碳酸酯是分子链中含有碳酸酯基的高分子聚合物，具有高强度、高韧性、高抗热性、高抗冲击性及较好的加工性能、形状和颜色稳定性等，是一种重要的工程塑料。与现有光气法制备工艺技术相比，二氧化碳制备聚碳酸酯/聚酯材料技术的主要特点包括：① 能够将工业废气二氧化碳转化为附加值较高的芳香族聚碳酸酯等产品，具有环保效益和减排效果；② 该技术避免使用光气，可降低投资成本，从而加快工艺生产的开发；③ 该技术过程全封闭，无副产物，而光气法生产过程中光气的氯被转换为利用率较低的氯化钠废盐。

4. 二氧化碳制备石墨烯技术

石墨烯是一种碳原子以 sp^2 杂化连接的特殊二维蜂窝状碳纳米结构，具有优异的电磁、光学、热力学、抗菌等性能。以二氧化碳为原材料可制备石墨烯，主要包括超临界二氧化碳剥离技术和镁热还原技术。

二氧化碳是一种物理化学性质稳定的气体，其临界温度（31.3 ℃）和临界压力（7.4 MPa）较低，易达到超临界状态。超临界二氧化碳流体具有可快速泄压、无残留、可重复利用的特点。超临界二氧化碳流体具有超强的渗透能力，可在石墨片层之间形成薄薄的一层溶剂层，随着流体量的逐渐渗入，石墨层间的距离会渐渐扩大，在此基础上通过缓慢加压与迅速泄压可产生耦合力，当此力大于范德瓦尔斯力时，石墨片层脱落，从而制备得到单层或少量多层的石墨烯。

5. 二氧化碳制备碳纳米管技术

碳纳米管（carbon nanotube，CNT）因其出色的力学、电学和化学性能，被广泛应用于复合增强导电或抗静电、磁性等材料的加工，相关技术包括激光蒸发技术、电化学还原技术、催化还原 - 气相沉积技术等。激光蒸发技术直接让石墨靶暴露在大功率激光的辐照下，迅速升温至 1 200 ℃，立刻生成单壁碳纳米管（SWCNT）。电化学还原技术利用高温熔盐（主要是 Li、Na、K 的混合碳酸盐）作为电解质吸收并电解二氧化碳，生成碳材料。

5.2.3　生物利用技术

绿色植物利用太阳的光能，将二氧化碳和水转化成为有机质并释放氧气的过程称为光合作用，这是自然界重要的固碳方式。二氧化碳生物利用技术是指以生物转化为主要特征，通过植物光合作用等，将二氧化碳用于生物质的合成，并在下游技术的辅助下实现二氧化碳资源化利用。近年来，二氧化碳生物利用技术已经成为二氧化碳利用技术中的后起之秀，不仅将在二氧化碳减排方面发挥显著作用，还将带来巨大的经济效益，对我国工农业的可持续发展具有重大意义。

1. 二氧化碳温室气肥利用技术

二氧化碳温室气肥利用技术是将来自能源、工业生产过程中捕集、提纯的二氧化碳注入温室，增加温室中二氧化碳的浓度来提升作物光合作用速率，以提高作物产量的技术。该技术通过二氧化碳的生物利用发挥二氧化碳减排的环境效益，是国际碳捕集、利用与封存领域可行的发展方向。

二氧化碳温室气肥施用方法包括通风换气法、有机发酵法、化学反应法、固体二氧化碳气肥施放法等。因为不同作物在各个生长阶段光合作用所需的二氧化碳浓度不同，所以，在温室大棚内增施不同比例的二氧化碳温室气肥，能够有效提高温室相应作物的生产效益。二氧化碳温室气肥利用技术可以大幅度提高产量，并增强作物抗病能力和提高产品品质，具有重要的意义。

2. 二氧化碳微藻生物利用技术

二氧化碳微藻生物利用技术是微藻通过光合作用将二氧化碳转化为多碳化合物用于微藻生物质的生长，经下游利用最终实现二氧化碳资源化利用的技术，如微藻固定二氧化碳转化为生物燃料和化学品技术、微藻固定二氧化碳转化为食品和饲料添加剂技术、微藻固定二氧化碳转化为生物肥料技术等。微藻通过光合作用固定二氧化碳的总反应式为

$$6CO_2 + 6H_2O（光照、叶绿体）\longrightarrow C_6H_{12}O_6 + 6O_2 \qquad （5\text{-}5）$$

微藻可以直接利用太阳能进行光合固碳，节省了大量的能源；微藻生长速

度快,且固碳效率是一般陆生植物的 10 ～ 50 倍,占地面积小,生长条件范围广,可在高温、高盐度、极端 pH 值、高光照强度及高二氧化碳浓度等极端条件下生存;可以与废水脱氮除磷处理工业相结合,降低微藻生产成本。总之,二氧化碳微藻生物利用技术具有环境友好、能耗低、高附加值产品转化等特点,被认为是持续降低二氧化碳水平最环保安全的方式之一。

3. 微生物固定二氧化碳合成

(1)微生物固定二氧化碳合成苹果酸

苹果酸(2- 羟基丁二酸)有 L-苹果酸、D- 苹果酸和 DL- 苹果酸 3 种异构体。天然存在的苹果酸都是 L-苹果酸,广泛应用于食品添加和保鲜、化妆品、医药保健、化工和可降解塑料合成等领域,未来全球市场 L-苹果酸的潜在需求量将达到每年 20 万 t。目前,苹果酸的主要生产方法有植物提取法、化学合成法、酶转化法及微生物发酵法。植物提取法的产量低;化学合成法的产品具有一定毒性且提纯成本高;酶转化法依赖高纯度昂贵的富马酸为底物;微生物发酵法具有产物相对单一、底物要求不高、产率较高的优点。目前,L-苹果酸微生物工业化发酵生产方法主要是利用丝状真菌,但存在菌株质量差、菌丝成团导致搅拌困难、提取工艺效率低、发酵时间长等问题。

(2)生物转化二氧化碳合成脂肪酸

生物转化二氧化碳合成脂肪酸基于富养罗尔斯通氏菌,实现从二氧化碳到有机生物的合成。中国科学院天津工业生物技术研究所构建了灵活性、高效性及多功能性的人工生物系统,实现了从二氧化碳到糖的人工路径(artificial CO_2 to-sugars pathway,ACSP)的成功构建,获得了反应步骤最短、腺嘌呤核苷三磷酸能量消耗最低的技术路线,解决了糖分子立体结构可控的难题,为摆脱自然合成途径、利用二氧化碳创造多样的糖世界提供了可能。

5.2.4 物理利用技术

二氧化碳的物理利用应用非常广泛,主要用于食品、制冷、石油等行业。几乎所有的物理用途(除了二氧化碳驱替)都会延迟二氧化碳的释放,最终释放到大气中。因此,大多数物理利用不会在环境中封存二氧化碳,也不是脱碳技术。但物理利用的经济效益将为未来的碳捕集和储存项目奠定基础。

1. 二氧化碳用于食品保鲜冷冻

目前，二氧化碳已被广泛应用于食品的保鲜冷冻中。通过调节储存环境中氧气和二氧化碳的浓度比，有利于水果和蔬菜的保鲜。注入一定量的二氧化碳可以抑制细菌的繁殖，减轻食物的腐烂，从而更好地保持水果和蔬菜的新鲜度。干冰的升华产生低温二氧化碳气体，可以将食物与空气隔离，从而达到持久冷藏的效果。由于冷藏成本高，因此干冰仅用于高级食品的冷藏和运输。

2. 二氧化碳气体保护焊

二氧化碳气体保护焊是一种在外层使用二氧化碳作为保护气体的焊接方法。它的操作很简单，但仅限于在无风的情况下工作。与传统的手工电弧焊方法相比，二氧化碳气体保护焊具有工作效率高、耗电少、节能、成本低、易于自动化等优点。随着科学技术的进步，二氧化碳气体保护焊技术也有了显著的进步。使用 100% 二氧化碳保护气、80% Ar–20% 二氧化碳保护气等可以降低焊接成本，限制气孔的产生，但有时仍存在飞溅增加的现象。

3. 超临界二氧化碳应用

超临界二氧化碳是一种性能非常好的清洁剂，具有无污染、安全、无毒、不燃烧、价格低廉的特点，已涉及医药、食品、化妆品、生物工业等领域的应用。超临界二氧化碳流体是一种弱极性溶剂，能在很大程度上溶解非极性有机化合物，有效去除物品表面的弱极性有机污染物。对于不溶性极性分子，还可以通过添加助溶剂来提高清洁效果。

超临界二氧化碳萃取可作为一种新的压裂介质，用于压裂非常规油气藏。与其他压裂工艺（水力压裂、二氧化碳干法压裂）相比，超临界二氧化碳压裂技术优势显著。超临界流体是无水的，既不会引起储层黏土的膨胀，也不会破坏水敏性地层；超临界二氧化碳具有优异的溶剂化能力，可以溶解油气井附近的稠油组分；压裂后，超临界二氧化碳将迅速逆转，节省油气井的非生产时间；超临界二氧化碳可以有效取代页岩中吸附的甲烷，提高采收率，达到永久储存二氧化碳的目的。但超临界二氧化碳的黏度远低于传统压裂液的黏度，其作为压裂液携带支撑剂的能力一直存在争议；捕集、加压、输送二氧化碳以及分离和重新加压回流二氧化碳的高成本也不容忽视。

5.2.5 矿化利用技术

工业固废是指在工业生产活动中产生的固体废物,如采矿废石、选矿尾矿、燃料废渣、冶炼及化工过程废渣等。2022 年,我国工业固废总量高达 42 亿 t,资源化利用程度低,环境隐患显著。与此同时,我国混凝土产业发展迅速,有报道指出我国混凝土消费量已达到全球消费量的 54%,预计未来还将持续增长。

通过天然矿物、工业材料和工业固废中钙、镁等碱性金属,将二氧化碳进行碳酸化固定,使其转化为化学性质极其稳定的碳酸盐,这一过程恰恰是固废处置和混凝土生产的共有化学本质。二氧化碳矿化利用技术已经引起了广泛关注,有望为二氧化碳的长期固定提供可行的解决方案。根据过程特性,二氧化碳矿化利用技术可分为:① 与固废处理过程深度耦合,实现碳减排的同时达到固废处置及其资源化利用的目的,例如钢渣矿化利用二氧化碳技术和磷石膏矿化利用二氧化碳技术;② 与特殊资源提取相结合,能够实现高值化产品产出的技术,其中钾长石加工联合二氧化碳矿化技术最具代表性;③ 与高性能水泥材料密切结合,兼具减排效应和强化材料性能的混凝土养护技术。

1. 钢渣矿化利用二氧化碳技术

钢渣是炼钢过程中的一种副产品,钢渣成分复杂,一般含有金属铁(2%～8%)、氧化钙(40%～60%)、氧化镁(3%～10%)、氧化锰(1%～8%)。近几年,我国粗钢产量基本维持在每年 10 亿 t 左右,而钢渣排放量占粗钢产量的 12%～15%,其有效利用率低,环保压力大。钢渣矿化利用二氧化碳技术利用钢渣富含钙、镁的特点,通过与二氧化碳进行碳酸化反应,将其中的钙、镁转化为稳定的碳酸盐产品,实现工业烟气中二氧化碳直接原位固定与钢渣工业固废协同利用。其化学反应式为

$$(Ca, Mg)_xO_x + xCO_2(g) \longrightarrow x(Ca, Mg)CO_3(s) \tag{5-6}$$

钢渣矿化利用二氧化碳技术能够实现钢渣中钙、镁资源的回收利用;通过在钢铁行业内部形成废渣和废气的协同消化能力,显著提升钢铁生产技术的绿色化和可持续程度;过程产物可作为建筑材料,形成规模化、长周期减排能力;废弃钢渣的来源通常离二氧化碳的产生源较近,能够节省大量原料运输成本;钢渣本身颗粒较小,反应活性较高,能够节省研磨等预处理的能耗;钢渣矿化

利用二氧化碳的同时还能获得贵重金属等高附加值产物，降低其经济成本。

2. 磷石膏矿化利用二氧化碳技术

磷石膏矿化利用二氧化碳技术主要利用硫酸钙和碳酸钙在硫酸铵中的溶度积差别，在氨介质体系中，使磷石膏中的硫酸钙与二氧化碳发生反应生成碳酸钙和硫酸铵。所得固体碳酸钙产品可以加工成具有高附加值的轻质碳酸钙产品，硫酸铵母液进一步转化制备硫酸钾及氯化铵钾等硫基复合肥产品，由此实现磷石膏中钙、硫资源的高值化回收利用。其具体反应式为

$$CO_2 + CaSO_4 \cdot 2H_2O + 2NH_3 \longrightarrow (NH_4)_2SO_4 + CaCO_3(s) + H_2O \qquad （5-7）$$

磷石膏是磷化工的固体废弃物，每年产量约 4 500 万 t。目前，部分磷石膏用于建筑材料、水泥添加、土壤添加剂等，但每年仍有约 4 000 万 t 磷石膏无法有效处理，这带来巨大的环境挑战问题。开发磷石膏矿化利用二氧化碳技术，将磷石膏中的钙资源进行碳酸化稳定，不仅能实现大规模的固碳，还可以减少固废堆填的危害，因此该类技术具有固废处理及二氧化碳减排的双重环保意义。

3. 钾长石加工联合二氧化碳矿化技术

钾长石加工联合二氧化碳矿化技术是指在钾长石加工制取钾肥过程中，利用提钾废渣中的二价钙（Ca^{2+}）离子与二氧化碳反应，起到矿化固定二氧化碳效果，同时减少废弃物排放。开发钾长石资源是我国资源战略的需要，因此，突破钾长石加工联合二氧化碳矿化技术对于钾长石的综合利用意义重大。其化学反应通式为

$$2KAlSi_3O_8 + CaX + CO_2 \longrightarrow CaCO_3 + Al_2O_3 \cdot 2SiO_2 + 4SiO_2 + K_2X \qquad （5-8）$$

与常规钾长石提钾工艺相比，该工艺是在水浸过程中通入高压二氧化碳，使所交换的钙离子矿化为碳酸钙，可以在不外加能源情况下实现二氧化碳矿化减排。自然界钾资源主要为盐湖钾资源及钾长石资源，我国钾长石资源储量巨大，为 79.14 亿 t，是盐湖钾资源总储量的 46 倍。因此，开发钾长石加工联合二氧化碳矿化技术对钾长石提钾利用具有重要的环保和经济意义。

4. 二氧化碳矿化养护混凝土技术

二氧化碳矿化养护混凝土技术是指模仿自然界化学风化过程，利用早期水化成型后的混凝土中的碱性钙镁组分与二氧化碳之间的加速碳酸化反应，替代

传统水化养护或蒸汽（蒸压）养护，实现混凝土产品力学强度等性能的提升。

二氧化碳矿化养护技术将二氧化碳转化为高附加值产品，避免传统蒸汽养护技术中加热蒸汽带来的能耗，同时实现大规模的固废资源化利用；有助于混凝土产品早期强度的提高；大幅缩短养护周期，提高生产效率，在低碳绿色建材领域具有广阔的应用前景。我国工业固废排放量大，来源广泛，且富含碱性钙镁组分。随着我国低碳绿色建材的需求逐步扩大，二氧化碳矿化养护混凝土技术有望成为未来建材生产的重要技术之一。

5.3 碳封存技术

碳封存技术是指将大型排放源产生的二氧化碳捕集、压缩后运输到选定地点长期封存，以避免其排放到大气中的一种技术，可以作为大规模削减二氧化碳排放的途径之一，并且能够不同程度地提高石油、天然气、矿产、地热或水资源开采效率，降低 CCUS 技术成本，具有广阔的技术发展前景和应用潜力。其关键特点是能够长期保留二氧化碳，能够有效地控制全球变暖，而模型研究表明，如果泄漏率超过每年 0.1%，则会导致封存技术无效。碳封存技术按照封存体的不同，可分为地质利用与封存技术、海洋封存技术和矿物封存技术等。

5.3.1 地质利用与封存技术

地质利用与封存是指将超临界二氧化碳注入枯竭油气田、玄武岩含水层、深部咸水层和不可采煤层等地质体的孔、裂隙中，深度范围为 0.8 ~ 1.0 km。在我国二氧化碳地质利用与封存技术体系中，以二氧化碳铀矿浸出增采技术最为成熟，已实现工业应用水平。二氧化碳强化石油开采技术在美国等发达国家已经实现广泛商业化。地质利用与封存环节决定并制约 CCUS 应用规模和减排贡献。

1. 二氧化碳强化石油开采技术

二氧化碳强化石油开采（CO_2-enhanced oil recovery，CO_2-EOR）技术是将二氧化碳高压注入地层并恢复地层压力，实现储存的同时还能够提高石油采收率，如图 5-11 所示。二氧化碳强化石油开采技术可以简称为二氧化碳驱油，是国际上应用最广泛的一种二氧化碳地质利用与封存技术。

二氧化碳强化石油开采技术是我国利用二氧化碳的主要方式，对我国保障油气安全和减少温室气体排放具有重要意义。我国二氧化碳封存潜力大，据中国能源研究会发布的《中国能源展望 2030》测算，我国适宜二氧化碳驱油的石油地质储量约为 130 亿 t，通过实施二氧化碳强化石油开采技术，预计可提高采收率 15%，增加石油可采储量 19 亿 t，将为保障国家能源安全提供有力支撑；另外，发展二氧化碳驱油产业可为油气产业提供新机遇，利用二氧化碳强化石油开采技术能显著提高我国石油自给能力，进而保障国家能源安全。我国东北、西北和华北地区的大中型油气田具有较大的二氧化碳驱油发展潜力，预计 2050 年我国能够实现二氧化碳驱油技术的广泛商业应用。

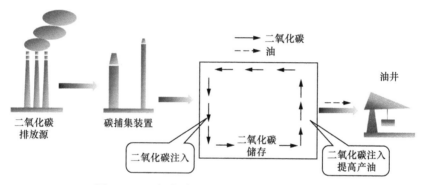

图 5-11　二氧化碳强化石油开采技术基本流程

2. 二氧化碳强化甲烷开采技术

（1）二氧化碳驱替煤层气技术

二氧化碳驱替煤层气（CO_2-enhanced coal bed methane recovery，CO_2-ECBM）是指将二氧化碳或者含二氧化碳的混合流体注入至深部不可开采煤层中，以实现二氧化碳长期封存，同时强化煤层气开采的过程（见图 5-12）。在地层条件下，二氧化碳一般处于超临界状态，黏度和密度远大于甲烷。随着注入量的增加，二氧化碳向下运移，取代甲烷，并恢复地层压力。随着天然气的大量采出，一部分二氧化碳滞留在地层中永久埋存。相对于传统的单纯抽采工艺，二氧化碳驱替煤层气技术可大幅提高煤层气采收率，依靠二氧化碳注入提高压力梯度、竞争吸附作用，有效实现煤层气增产；因此，可利用煤层裂隙、孔隙对二氧化碳的吸附作用实现二氧化碳的长期封存,并可有效降低煤层自燃和高含甲烷(瓦斯)煤田发生爆炸的可能性。

煤层气资源的大规模开发和利用对缓解国家能源供需矛盾具有重要意义。我国煤层渗透率普遍较低,现有煤层气开采工艺产气量小、采收率低,无法支撑我国煤层气大规模高效开采,导致我国煤层气整体利用水平较低。2023年,我国煤层气产量为117.7亿 m^3,仅占国内天然气供应的5%,亟须大力发展煤层气开采技术,实现煤层气大规模高效开采。

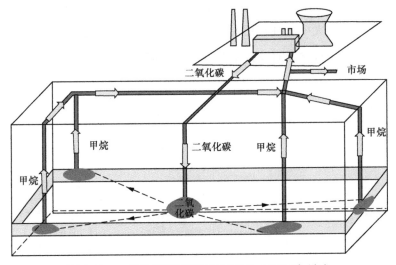

图 5-12　二氧化碳驱替煤层气(CO₂-ECBM)技术

（2）二氧化碳强化天然气开采技术

二氧化碳强化天然气开采(CO₂-enhanced natural gas recovery,CO₂-EGR,简称"二氧化碳驱替天然气")是指利用超临界二氧化碳和天然气的物性差别及重力分异,结合天然气藏的地质特征,将二氧化碳注入天然气藏,促进天然气开采,同时实现二氧化碳长期封存的过程。

二氧化碳强化天然气开采技术适合地层压力为驱动力的气藏类型。当气藏地层压力下降至枯竭压力而不能再进行自然衰竭开采时,通过注入二氧化碳来恢复地层压力并驱替天然气,可以获得最高的天然气采收率和最大的二氧化碳地下封存量。我国1/3的天然气资源需要从致密低渗透气藏开采,但由于致密低渗透气藏储层物性差,非均质强,孔隙结构复杂,导致采出程度不高。二氧化碳强化天然气开采技术作为一种以提高常规天然气和致密气采收率，并封存二氧化碳为目的的新兴二氧化碳地质利用与封存技术，对提升我国天然气产量，缓解我国天然气供需矛盾，同时减少温室气体排放具有重要意义。

（3）二氧化碳强化页岩气开采技术

二氧化碳强化页岩气开采（CO_2-enhanced shale gas recovery，CO_2-ESGR）是指利用超临界二氧化碳或者液态二氧化碳代替水压裂页岩，并利用二氧化碳吸附性比甲烷强的特点，置换甲烷，从而提高页岩气开采率并实现二氧化碳封存的过程。

与水基压裂液不同的是，二氧化碳作为压裂液主要成分，当温度和压力分别超过 31.26 ℃和 7.38 MPa 时，会以低分子间作用力、无表面张力、似气体流动性和类液体密度的超临界流体形式存在。超临界二氧化碳黏度低、储层伤害小、易进入微小孔隙与裂隙，可以促进裂缝延伸与拓展；同时，水资源的需求量小，而且返排率高；利用页岩储层对二氧化碳的强吸附能力，在增采页岩气的同时，可实现二氧化碳封存，达到二氧化碳减排的目的。我国在页岩气资源的开发和利用方面取得了显著进展，2023 年，我国页岩气产量达到 250 亿 m³，丰富的页岩气资源有改变能源结构、影响气候政策的潜力。页岩气高效开发对缓解天然气供需矛盾、推动经济发展、促进环境保护具有重要意义。

3. 二氧化碳采热利用技术

二氧化碳采热利用是指以二氧化碳为工作介质的地热开采利用过程，其地热系统包括二氧化碳羽流地热系统（CO_2-plume geothermal system，CPGS）和二氧化碳增强地热系统（CO_2-enhanced geothermal system，CO_2-EGS）。CPGS以二氧化碳作为传热工质，开采高渗透性天然孔隙储层中的地热能。CO_2-EGS以超临界二氧化碳作为传热流体，用其替代水开采深层增强型地热系统中的地热能。两者均能达到地热能获取和二氧化碳地质封存的双重效果。二氧化碳采热利用技术具备压裂功能，可改善干热岩渗透性，利于建造人工热储，并且具备换热、传热作用，将地下热能传至地表。

传统的增强型地热系统使用水从地热系统中开采地热资源，水在储层中流动换热存在一定的滤失，进而造成水资源的大量消耗。另外，岩层中的矿物和水在高温环境下发生化学作用，造成水中掺杂矿物质，纯度降低，对地面利用设备造成一定损害。如表 5-5 所示,相对于水来说,超临界二氧化碳对岩石矿物的溶解度低,对地面设备损害小;可压缩性和膨胀性大,使得工质在系统内产生流动自驱动力;二氧化碳黏度和密度较低,系统流动阻力小;二氧化碳可直接对涡轮机做功,减少与二次流体的换热损失。

表 5-5　增强型地热系统中传热流体二氧化碳和水的对比

流体特征	二氧化碳	水
化学特征	非极性溶剂;对于岩石矿物是弱溶剂	对于岩石矿物是强溶剂
井孔中的流体循环特征	较大的可压缩性和膨胀性(受到较大的浮力作用);具有较低的能量消耗,可保持流体的循环	较小的可压缩性和中度的膨胀性(受到较小的浮力作用);需要使用较大的抽水设备提供能量来保持流体的循环
储层中的流体流动特征	较低的黏度,较低的密度	较高的黏度,较高的密度
流体传热特征	较小的比热容	较大的比热容
流体损失特征	可能有助于温室气体(CO_2)的地质封存,进而通过对温室气体的减排获得一定的经济效益以抵消热能开采中的一部分费用	水分损失会增加工程费用(尤其在干旱区),最终阻碍对储层的地热开发

4. 二氧化碳铀矿浸出增采技术

二氧化碳铀矿浸出增采(CO$_2$-enhanced uranium leaching,CO$_2$-EUL)是指将二氧化碳与溶浸液注入砂岩型铀矿层,通过抽注平衡维持溶浸流体在铀矿床中运移,促使含铀矿物发生选择性溶解,在浸采铀资源的同时实现二氧化碳地质封存的过程。国内天然铀需求缺口仍然很大,尚不能满足核能快速发展的需求,对外依存度在 60% 以上,亟须大力发展铀矿开采技术以缓解我国严峻的铀供应形势,保障我国铀供应安全。

5. 二氧化碳原位矿化封存技术

二氧化碳原位矿化封存(in-situ mineral carbonation)是指直接将二氧化碳注入富含硅酸盐的地质构造中,在地层原位完成二氧化碳与含有碱性或碱土金属氧化物的天然矿石反应,生成永久的、更为稳定的碳酸盐的一系列过程。二氧化碳原位矿化模拟了自然界钙镁硅酸盐的风化过程,即利用富含钙、镁等元素的天然矿物在地层原位完成二氧化碳的矿物化反应,避免了二氧化碳泄漏的风险,克服了地质封存的局限性,且无须投入后续监测成本,减少了对环境的污染和危害,从而实现二氧化碳永久性的大规模封存。

6. 二氧化碳强化深部咸水开采与封存技术

二氧化碳强化深部咸水开采与封存（CO_2-enhanced water recovery，CO_2-EWR）是指将二氧化碳注入深部咸水含水层或卤水层，强化深部地下水及地层内高附加值溶解态矿产资源（如锂盐、钾盐、溴素等）的开采，同时实现二氧化碳在地层内与大气长期隔离的过程。该技术在封存二氧化碳的同时增采地下咸水与矿产资源，是未来二氧化碳咸水层封存技术的发展趋势。

5.3.2　海洋封存技术

与固体材料相比，富含 Mg^{2+}、Ca^{2+} 的水溶液可以节约 Mg^{2+} 和 Ca^{2+} 浸出过程的操作成本。因此，通过富含 Mg^{2+}、Ca^{2+} 的水溶液进行矿化可能成为解决二氧化碳储存问题的另一种有前途的方法，如图 5-13 所示。海水或浓海水对二氧化碳的储存非常具有吸引力，因为它能够同时解决两方面的问题，一方面能解决二氧化碳的固定，另一方面能解决来自海水淡化厂的海水预处理或卤水废弃物问题。

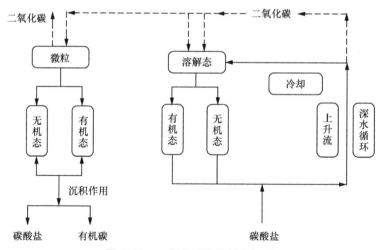

图 5-13　二氧化碳海洋储存机理

将二氧化碳注入盐碱湖、咸水层是二氧化碳海洋储存的另一种方式。二氧化碳可与盐碱湖里的一些碱性物质反应生成矿物质盐，从而达到固碳的目的。咸水层一般在地下深处，富含不适合农业或饮用的咸水，这类地质结构较为常见，同时拥有巨大的封存潜力。另外，二氧化碳还可以与一些硅酸盐物质反应生成二氧化硅和碳酸盐物质，从而达到固碳的目的。

海洋封存技术虽然安全性较高，但成本高，技术难度大，缺乏示范项目与顶层框架，亟须在合适的海洋区域开展碳封存示范项目，以确定技术参数、估算成本及评价环境风险，然后以示范项目成果作为依据，逐步制定海洋碳封存顶层架构，推动该技术的发展应用。

5.3.3 矿物封存技术

传统的地质封存有泄漏的风险，甚至会破坏贮藏带的矿物质，改变地层结构。矿物封存即矿物碳酸化，是模仿自然界中钙（镁）硅酸盐矿物的风化过程，利用存在于天然硅酸盐矿石中的碱性氧化物与二氧化碳在一定条件下反应生成稳定的无机碳酸盐，实现二氧化碳的永久储存的过程。矿物封存的主要机理如下。

$$(Ca, Mg)_xSi_yO_{x+2y+z}H_{2z} + xCO_2 \longrightarrow x\,(Ca, Mg)CO_3 + ySiO_2 + zH_2O \qquad （5-9）$$

相比于其他二氧化碳储存方法，天然碱基硅酸盐岩储量丰富，易于开采，可以实现大规模的二氧化碳处理；矿物封存产物为稳定的碳酸盐，环境污染小，而且能够永久封存二氧化碳；矿物封存反应为放热反应，具有商业应用价值。矿物封存的主要工艺路线如图 5-14 所示。

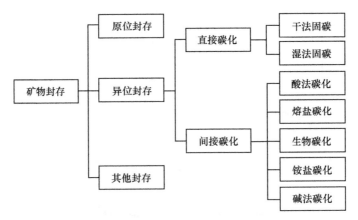

图 5-14　矿物封存的主要工艺路线

第 6 章

低碳零碳工业流程再造

低碳零碳工业流程再造技术是为了减少碳排放和降低环境影响而开发的一系列技术和方法,是以原料燃料替代、短流程制造和低碳技术集成耦合优化为核心,引领高碳工业流程的低碳和零碳再造的技术。它涉及能源、制造、建筑等各个领域,在钢铁、有色金属、水泥、化工等行业应用广泛。

6.1 钢铁流程再造技术

钢铁工业是国民经济的重要基础产业,同时也是能源消耗和碳排放的重点行业之一。据统计,目前钢铁工业碳排放量占全国碳排放总量的比例达到15%左右。在钢铁生产过程中采用低碳技术可以大幅度降低碳排放,并提高工业生产效率。

按照生产原料的不同,粗钢的生产工艺可以分为两类:一类是将铁矿石还原为粗钢的工艺,主要包括长流程高炉–转炉法、熔融还原法和直接还原法等;另一类是将废钢重新冶炼为粗钢的短流程电炉炼钢工艺,主要方法是电弧炉冶炼法。

6.1.1 长流程炼钢碳减排技术

我国90%的钢铁生产采用高炉–转炉长流程,长流程钢铁生产工艺包含烧结、球团、焦炉、高炉、转炉等工序,如图6-1所示。其中,烧结和高炉是主要的二氧化碳排放环节,也是碳减排的重点环节。

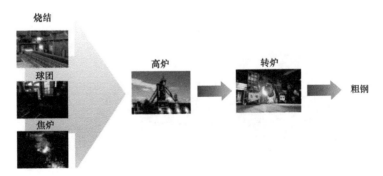

图6-1 高炉–转炉长流程钢铁生产工艺流程

1. 烧结工艺碳减排技术

(1)烧结烟气一氧化碳氧化耦合SCR脱硝技术

烧结烟气排烟温度较低,难以满足传统选择性催化还原(selective catalytic

reduction，SCR）脱硝所需的温度，需要设置热风炉，通过燃烧大量高炉煤气对烟气进行补热［见图 6-2（a）］，该过程会产生大量碳排放。如图 6-2（b）所示，烧结烟气一氧化碳氧化耦合 SCR 脱硝技术利用烧结烟气本身含有的大量一氧化碳替代高炉煤气，通过燃烧产生的化学能为中低温 SCR 脱硝补热，在节省高炉煤气用量的同时可实现二氧化碳减排。经测算，对于 1 台 360 m² 的大型烧结机，采用该技术后，能节省高炉煤气 1.8 亿 m³/a，实现二氧化碳减排 7 万 t/a

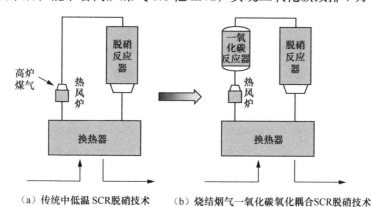

（a）传统中低温 SCR 脱硝技术　　　（b）烧结烟气一氧化碳氧化耦合 SCR 脱硝技术

图 6-2　脱硝技术

（2）烧结烟气选择性循环技术

烧结烟气选择性循环技术通过提升污染物脱除效率和削减烟气量达到减排目的。烧结机排放烟气一般由多个风箱组成，多个不同风箱烟气排放存在显著差异，该技术结合烟气参数、物质传输规律等因素，选择温度高、污染物富集的特征烟气返回到点火器烧结机台车上部的循环烟气罩中进行循环。在保证烧结矿质量的前提下，该技术能够实现烟气量和污染物总量减排 30% 以上。

2. 高炉工艺碳减排技术

（1）高炉喷煤技术

高炉喷煤技术将非焦煤粉通过风口直接喷入高炉，以煤代焦的方式降低生产成本并减轻污染。高炉喷煤排放二氧化碳的影响因素涉及喷煤比、煤种、置换比和钢厂能源平衡等。当煤、焦置换比为 0.8 时，每吨钢喷吹煤粉 60 kg 时可节约 20 kg 标准煤，每吨钢可减少二氧化碳排放约 40 kg。

（2）高炉喷吹废塑料技术

高炉喷吹废塑料技术利用废塑料的高热值，并将其作为高炉炼铁还原剂和发热剂，可代替部分煤粉和焦炭。废塑料在高温区产生的氢气的还原能力强于一氧化碳，使用废塑料替代部分煤粉和焦炭有利于降低二氧化碳排放量，且塑料磷、硫含量很低，可提高铁水质量。研究表明，经过预处理的废塑料与煤粉的置换比可达到 1.3，与焦炭的置换比可达到 1.0，高炉每喷 1 kg 废塑料，可减排二氧化碳 2.5 ~ 3.3 kg。

（3）高炉热风炉烟气双预热技术

由于高炉煤气热值很低，高炉热风炉以高炉煤气作为燃料很难达到较高的热风温度，在不预热的情况下其理论燃烧温度只有 1 200 ℃左右。高炉热风炉烟气双预热技术通过对助燃空气、高炉煤气进行预热的方法用以提高其理论燃烧温度，提高热风炉的拱顶操作温度。如图 6-3 所示，在烟道上设置一台煤气换热器，燃烧炉中燃烧产生的高温废气与热风炉烟道废气混合，在煤气换热器内把热量传递给钢管，然后从煤气换热器流出。煤气进入煤气换热器后，在其中往返流动，钢管将热量传递给煤气，提高煤气温度。助燃空气预热是通过预热炉来实现的。混合烟气将煤气和助燃空气预热至 300 ℃以上，从而实现高炉1 200 ℃以上风温。此空气、煤气双预热工艺既满足了热风炉高风温的要求，同时很大程度上利用了热风炉烟气的余热，提高了热风炉系统的热效率，减少了燃料的使用，二氧化碳的排放量也明显减少。

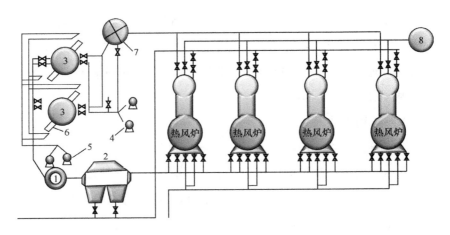

图 6-3　高炉热风炉烟气双预热工艺流程

1—烟囱；2—煤气换热器；3—预热炉；4—热风炉助燃风机；5—预热炉风机；6—预热炉燃烧器；7—混风室；8—高炉

（4）炉顶煤气循环氧气高炉技术

炉顶煤气循环氧气高炉炼铁采用氧气代替传统的热风，且大量喷吹煤粉，炉顶煤气经脱除二氧化碳处理后喷吹进高炉循环利用，该技术可同时实现煤气的回收和碳减排，其工艺流程如图 6-4 所示。与传统的高炉炼铁相比，其采用煤气循环，可大幅度降低高炉炼铁的燃料比；可大幅度提高喷煤量，降低焦比；可大幅度提高生产效率；全氧鼓风可大幅度提高煤气中的二氧化碳浓度，降低二氧化碳分离成本。

八一钢铁将 $430\,m^3$ 传统高炉改建为氧气高炉，按照不同氧气配比、物料配比进行低碳冶金工业试验。这是我国首个氧气高炉工业试验，已成功突破传统高炉的富氧极限，鼓风氧含量达到 35%，实现了产能提升 30% ～ 40%，化石燃料消耗下降 30%，二氧化碳减排达到 20% ～ 25% 的阶段性目标。

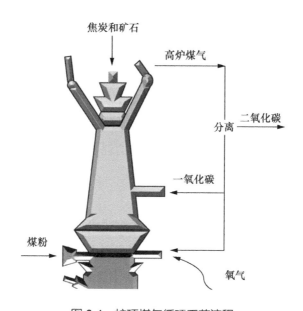

图 6-4　炉顶煤气循环工艺流程

6.1.2　电弧炉短流程炼钢节能减排技术

电弧炉短流程炼钢是利用电弧的热效应加热炉料进行熔炼的炼钢方法。电弧炉短流程炼钢主要以废钢作为原料，以电力为能源介质，与高炉 - 转炉长流程炼钢相比，节省了焦化、烧结、高炉等高排放生产环节，每利用 1 t 废旧钢材相当于减排二氧化碳 1.6 t，还可显著降低废水、废气、废渣的排放。《"十四五"节能减排综合工作方案》中明确提出，鼓励将高炉－转炉长流程炼钢转型为电弧炉短流程炼钢。目前，电弧炉短流程炼钢节能技术主要集中在炉容、供电、炉料结构、冶炼等方面。

1. 电弧炉炉容大型化

扩大电弧炉炉容不仅可以减少高功率供电对炉壁的辐射，增加烟气在炉膛里的流动范围，还可以提高二次燃烧率及余热回收率。大型电弧炉的生产率及能源利用率均高于中小型电弧炉。目前，世界上最大的电弧炉是意大利制造的 420 t 直流电弧炉，已在日本东京制钢公司投入运行，用于生产低碳钢、超低碳钢和高级脱氧镇静钢，年产量为 260 万 t。

2. 高效供电

供电是电弧炉炼钢过程的主要环节之一，优化供电的关键在于电极的自动调节，一般通过电炉电极控制系统实现。例如，模糊 PID 控制系统、以神经网络为基础的 PID 控制系统、基于 PDF 的电弧炉电极控制系统、基于 PLC 的电弧炉电极控制系统等对提高电弧炉输入功率、降低能耗、缩短冶炼时间具有重要的作用。美国 NorthStar 钢厂利用智能控制算法改善了 80 t 电弧炉的电极控制系统，使得生产率提高 10%～20%，电极消耗降低 0.4～0.6 kg/t，电能消耗减少 18～20 kW·h/t。

3. 炉料结构优化技术

传统电弧炉炼钢以废钢为主要原料，为解决废钢供应不足，提升钢材质量，满足不断提高的节能减排要求，目前固态炉料中除废钢外，往往还添加了冷生铁、直接还原铁、热压铁块、脱碳粒铁、碳化铁、复合金属料等辅料。用这些金属炉料替代废钢不仅可以解决废钢供应不足的问题，还有利于促进废钢中有害残余元素的稀释，减少耐火材料的消耗，缩短冶炼时间，提高钢材的质量。此外，由于电力资源的紧张和优质废钢资源的短缺，一些钢厂在电弧炉炼钢时会添加一定量的铁水，即热装铁水工艺。引入的铁水能够为炼钢过程带来大量热量，提升冶炼效率，缩短生产周期，降低能耗，并稀释钢液中的有害杂质元素。

该工艺目前应用较为普遍，在中天钢铁集团有限公司和天津钢铁集团有限公司等均有应用。

4. 强化冶炼技术

（1）强化供氧技术

氧气在电弧炉炼钢过程中起到关键作用。强化供氧技术是向电弧炉中喷吹充分的氧气，主要包括氧气喷吹技术、炉门供氧技术、炉壁供氧技术和集束射流供氧技术等。该技术可使炉中的各元素（C、Si、Mn、P、S、Fe 等）充分氧化，释放更多的热量，各元素的氧化放热占电弧炉冶炼能量来源的 10% ～ 20%，有利于缩短熔化期的熔炼时间，达到节能降耗的作用。

（2）泡沫渣技术

泡沫渣可以将电弧炉中的空气与钢液相隔，从而减少电弧炉辐射过程中散失的热量，将更多的电能转换为热能输送到熔炼池。炉渣的发泡机理为：吹入的氧气一部分与钢液中的碳反应生成一氧化碳；另一部分被消耗在铁的氧化过程中，形成氧化铁。此外，喷入的碳溶解在钢液中还原氧化铁。碳和氧的反应与碳还原氧化铁的反应都会产生大量一氧化碳气泡，从而使钢液表面形成泡沫状的渣层。泡沫渣技术可有效提高电弧炉热效率，缩短冶炼时间，降低电能消耗。目前，泡沫渣智能化监测与控制技术的发展也将进一步推动冶炼工艺向绿色化方向发展。

（3）熔池搅拌技术

在高铁水比炉料结构中，熔池的流体流动是实现优质钢生产、节能和降低成本的关键。目前，主要的熔池搅拌技术有底吹搅拌技术、与集束射流供氧技术高效有机结合起来的复合吹炼技术、电磁搅拌技术等。例如，复合吹炼喷吹装置（见图 6-5）将从熔池顶部或侧面的喷枪喷出的集束射流流股射入熔池，形成较大的穿透深度，加速氧气和熔融液相之间的动量、热量和质量的交换，并且与底吹搅拌装置相结合，将氩、氮气、一氧化碳、氧气、天然气等气体吹入熔池底部，在浮力的作用下带动钢液做循环运动，从而加快钢液成分的调整速度和温度均匀化，达到缩短冶炼时间，降低电耗的目的。

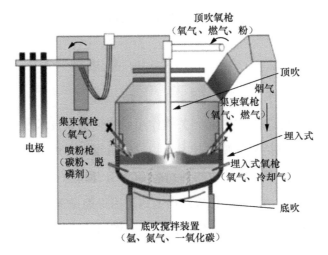

图 6-5　复合吹炼喷吹装置

6.1.3　直接还原炼铁技术

直接还原炼铁技术是以非焦煤为能源，在不熔化、不造渣的条件下，原料基本保持原有物理形态，铁的氧化物经还原获得以金属铁为主要成分的固态产品的技术，具有流程短、污染小等优点。其产品直接还原铁可作为电炉炼钢的优质原料。根据其使用的还原剂不同，直接还原炼铁技术可分为气基直接还原法和煤基直接还原法两种。其中，气基直接还原法在全球范围内占主导地位。

1. 气基直接还原法

气基直接还原法用气体燃料作为能源和还原剂，常采用的是氢气、一氧化碳混合气体，在天然矿石（粉）或人造团块呈固态的软化温度以下进行还原获得金属。该技术具有容积利用率高、热效率高、生产率高等优点，是非焦煤冶金工艺的主流技术，可制得高纯度的海绵铁。与采用传统高炉 - 转炉技术的吨钢 1.76 t 碳排放量相比，采用气基直接还原法的吨钢碳排放量仅为 0.15 t，可以减少 85% 以上的二氧化碳排放。气基直接还原法的主要设备是竖炉，其他的设备还有流化床和固定床等。

2. 煤基直接还原法

煤基直接还原法是将高品位块矿或铁精粉等含铁氧化物制成球团与固体还原剂（无烟煤等）混合成炉料，加入煤基立式反应炉中，炉料在封闭的立式反应器中进行"预热 – 还原",还原后所得球团用于短流程炼钢工艺,可轧制成块或饼,还可通过热装进入炼钢工序,实现低能耗生产。

6.2 有色金属行业流程再造技术

有色金属行业也是我国工业领域碳排放的重点行业之一。有色金属产业链长,涉及矿山采选、冶炼及压延加工,其中冶炼环节碳排放约占全行业碳排放总量的 90%。目前,有色金属工业碳减排的重点为铝(含氧化铝)、铜、铅、锌、镁等产品的冶炼环节。

6.2.1 铝冶炼低碳技术

铝是有色金属行业碳排放重点品种,其碳排放占全行业碳排放总量的 75% 以上。铝的生产过程主要包括铝土矿开采、氧化铝制取、电解铝生产和铝加工等。其中,氧化铝制取和电解铝生产是铝工业碳排放最大的两个生产环节。针对电解铝,2024 年,国家发展改革委等五部门还专门发布了《电解铝行业节能降碳专项行动计划》,提出了电解铝行业 2024—2025 年形成节能量约 250 万 t 标准煤、减排二氧化碳约 650 万 t 的目标。

1. 铝电解槽节能技术

(1)铝电解槽阻流块技术

沈阳铝镁设计研究院发明了铝电解槽阻流块技术。在原本的槽底表面设置一个具有特殊性质的凸台,通过在铝液中放入阻流块,可以降低铝液流速,抑制铝液波动,提高电解槽稳定性,调整电解槽工艺参数,从而达到降低极距、提高电流效率、降低电耗的目的。

(2)新型稳流保温铝电解槽节能技术

新型稳流保温铝电解槽节能技术通过降低铝液水平电流、降低铝液界面变形和流速、开发高导电钢棒、释放极间空间、内衬结构设计、散热分布优化等一系列措施稳定了热场、电场和流场,从而降低了阴极电压降,减少了侧壁散热,降低了电解质对保温材料的侵蚀,提高了电解槽的寿命。2019 年,中铝郑州有色金属研究院有限公司"新型稳流保温铝电解槽节能技术"入选中国"双十佳"

最佳节能技术。该技术的电流效率达 92% 左右，吨铝直流电耗小于 12 500 kW·h。节能效果与应用前相比，铝业直流电耗降低 500 kW·h。吨铝节电 665 kW·h，年节电效益约 8 400 万元，节电折合标煤约 6.4 万 t，减排二氧化碳约 15 万 t，累计经济效益约 9 300 万元。

（3）新型阴极结构铝电解槽技术

东北大学冯乃祥教授等开发了以异形阴极为核心的新型阴极结构铝电解槽技术。新型阴极结构铝电解槽上的每个阴极炭块表面具有坝型的凸起。这些坝型的凸起直立在其阴极炭块的表面，并与阴极炭块成为一个整体，可以减小铝液的波动，将槽电压降低 0.3 V 以上，使铝电解的吨铝电耗降低 800 ～ 1 100 kW·h，有很好的节能效果。

（4）惰性阳极材料电解铝技术

Hall-Heroult 电解法是当前常用的工业制备金属铝的方法，但吨铝碳素阳极净耗量超 400 kg，且阳极效应还会导致温室气体产生、电解温度上升等问题。采用金属合金、金属陶瓷、氧化物陶瓷等惰性阳极材料代替碳，可以实现电解过程二氧化碳零排放。2018 年，美国铝业和力拓公司成功实施了世界首例无碳铝冶炼技术，并成立了 Elysis 公司。2019 年年末，Elysis 公司生产出了世界上首批使用惰性阳极的商业铝锭。此外，俄罗斯联合铝业公司和海德鲁铝业公司也分别成功研发了零碳排放的惰性阳极铝电解技术。东北大学、中南大学等也长期开展了惰性阳极材料及其特性方面的研究。2011 年，中南大学与中国铝业集团联合开展了金属陶瓷惰性阳极 20 kA 铝电解工程化试验，这是国内首次中长期惰性阳极铝电解试验，系统地考察了金属陶瓷惰性阳极规模铝电解的可行性。

（5）低温铝电解技术

低电解温度可以减少铝电解槽的散热，提高铝电解的电能利用率，具有节能减排、延长电解槽寿命等诸多优点。研究发现，分子比在 1.3 ～ 2.0 的低分子比的电解质体系具有较低的初晶温度及足够大的氧化铝溶解度，各项物理、化学性质都能满足铝电解的要求，是最有希望实现低温铝电解的电解质体系。该电解质体系已经在 20 ～ 40 kA 的电解槽上成功实现了超过两年的半工业试验应用。

2. 氧化铝制取低碳技术

（1）高效强化拜耳法技术

拜耳法是生产氧化铝最主要的方法，其原理是用氢氧化钠溶液加温溶出铝土矿中的氧化铝，得到铝酸钠溶液。溶液与残渣（赤泥）分离后，加入氢氧化铝作晶种，在降温和搅拌的条件下进行分解，产出的氢氧化铝经焙烧变成氧化铝。分解后的种分母液蒸发浓缩后用于溶出新一批铝土矿，碱液形成闭路循环。针对拜耳法生产氧化铝过程的用能和碳排放特性，采用高温强化溶出、高效节能的降膜蒸发、无石灰添加溶出等技术，实现节能降碳。例如，高效节能的降膜蒸发技术可明显降低母液蒸发的汽水比和能耗，无石灰添加溶出技术可从源头消除石灰制备的碳排放。

（2）高效节能焙烧技术

目前，用于氧化铝生产的高效节能焙烧技术为闪速焙烧、循环床流态化焙烧、气态悬浮焙烧 3 种。其中，气态悬浮焙烧技术起步最晚，代表着最新流态化焙烧水平。我国自 1987 年山西铝厂引进第一台美铝闪速焙烧炉，之后十多年，又相继引进了德国鲁奇循环流态化焙烧炉、丹麦史密斯气态悬浮焙烧炉，其中以气态悬浮焙烧炉为主，占到总数的 70%。

6.2.2　铜冶炼低碳技术

铜冶炼一般是指从铜精矿到精炼铜的形成过程，主要分为火法冶炼与湿法冶炼两种技术路线。火法冶炼以硫化铜精矿为主，通过熔炼、吹炼、火法精炼、电解精炼等环节形成精炼铜，而湿法冶炼以氧化铜矿为主，通过浸出、萃取、电积等过程实现铜的提取和纯化。2022 年，工业和信息化部等三部门联合印发了《有色金属行业碳达峰实施方案》，提出重点推广氧气底吹连续炼铜技术、双炉连续炼铜技术、低品位铜矿绿色循环生物提铜技术、废杂铜低碳处理技术等先进节能低碳技术。

1. 连续炼铜技术

（1）氧气底吹连续炼铜技术

氧气底吹连续炼铜技术将硫化铜精矿、其他含铜物料和熔剂配料制粒后，加入氧气底吹熔炼炉中进行熔炼，产出高品位铜锍和熔炼渣，熔炼渣通过渣包或渣坑,经缓冷后送选矿处理,选出的铜精矿返回熔炼,选出的铁精矿和渣尾矿用于出售。

液态高温铜锍,经溜槽连续注入氧气底吹熔炼炉,从熔炼炉底部送入富氧空气对高品位铜锍进行连续吹炼。与此同时,通过料仓、计量皮带给料机的运行,按计算量要求从炉顶开口处连续加入熔剂石灰或石灰石造渣(也可炉顶不开口,将熔剂石灰或石灰石磨成粉状,通过料仓、计量皮带给料机从氧枪与氧气一起送入炉内造渣),在炉子一端较上部开孔,排放熔炼渣,较下部开孔,设置虹吸装置排放粗铜。该技术实现了连续加入铜锍、连续吹炼、连续加入熔剂、连续造渣、连续排渣,并连续放出粗铜,即吹炼过程连续化,如图6-6所示。2014年,中国恩菲工程技术有限公司开发出世界上首条氧气底吹连续炼铜工业化示范生产线。

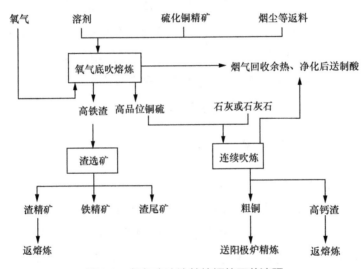

图6-6　氧气底吹连续炼铜的工艺流程

（2）双炉连续炼铜技术

该技术开发了双侧吹造渣炉和顶吹造铜炉组成的粗铜连续吹炼系统,实现了粗铜吹炼过程的连续化,生产的粗铜品质高,粗铜含硫低、渣含铜低。该工艺烟气量小,粗铜综合能耗比传统卧式转炉吹炼工艺降低30 kg标准煤/吨铜。例如,某年产12.5万t铜的大型铜冶炼企业,采用该技术每年可减排二氧化碳约38万t。双炉连续炼铜工艺流程如图6-7所示。

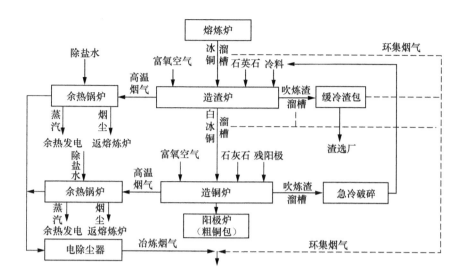

图 6-7 双炉连续炼铜工艺流程

2. 低品位铜矿绿色循环生物提铜技术

生物冶金技术是低品位难处理铜资源加工的战略性新技术。生物浸出过程中，主要利用细菌对含有目标元素的矿物进行氧化，被氧化后的目标元素以离子状态进入溶液中，然后对浸出的溶液进一步进行处理，从中提取有用元素。大量浸矿细菌已被成功获取并被应用于全球铜矿生物浸出过程，如嗜酸性氧化亚铁硫杆菌等。我国常用的低品位铜矿微生物浸出的工业化流程如图 6-8 所示。

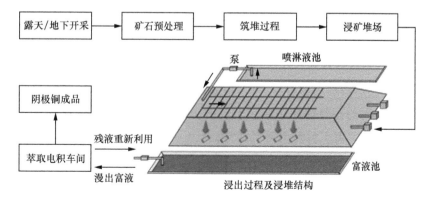

图 6-8 低品位铜矿微生物浸出的工业化流程

据不完全统计,我国已有数十个低品位铜矿探索或成功应用了生物浸铜技术。以德兴铜矿为例,其废石场中的铜总量达 120 万 t,以原生硫化铜矿(质量分数 68.5%)为主,平均铜品位不足 0.2%,采用常规选矿手段难以进行工业生产。因此,德兴铜矿于 1997 年成功建成了废石生物浸出 – 萃取电积厂,年产铜金属达 2 000 t。

3. 废杂铜低碳处理技术

废杂铜的种类繁多,回收利用技术和工艺也有所不同。回收利用废杂铜需要先进行预处理,即对混杂的废杂铜进行分类筛选,除去废铜表面的油污等。

废杂铜回收利用的方法很多,主要可分为两大类,即废杂铜的直接利用和间接利用。直接利用是将高质量的废铜直接熔炼成精铜或铜合金,间接利用是通过冶炼除去废杂铜中的金属,并将其铸成阳极板,再经过电解得到电解铜。其中,间接利用将原料分为高品位废杂铜和低品位废杂铜,从冶炼工艺上分为一段法、二段法和三段法冶炼。

一段法:铜品位大于 98% 的紫杂铜、黄杂铜、电解残极等直接加入精炼炉内精炼成阳极,再电解生产阴极铜。

二段法:废杂铜在熔炼炉内先熔化,吹炼成粗铜,再经过精炼炉电解精炼,产出阴极铜。

三段法:废杂铜及含铜废料经鼓风炉熔炼、转炉吹炼、阳极精炼、电解,产出阴极铜。原料铜品位可以低至 1%。

6.2.3 铅锌冶炼低碳技术

铅锌冶炼碳排放量在(电解铝除外)其他有色金属冶炼中的占比约为 35%。《有色金属行业碳达峰实施方案》中提出,在节能低碳技术重点方向上,重点推广以底吹为基础的富氧熔池熔炼技术、液态高铅渣直接还原技术、大型锌精矿流态化焙烧技术、再生锌技术等的应用。

1. 富氧熔池熔炼技术

(1)氧气底吹熔池熔炼技术

氧气底吹熔池熔炼技术是中国恩菲工程技术有限公司自主研发的熔池冶炼技术。富氧空气通过回转卧式底吹炉底部的喷枪高速吹入熔体,与精矿发生化学反应。该技术动力学条件独特,具有原料适应性广、反应热效率高、能耗低、金属回收率高、脱杂效率高、生产成本低、安全环保等优点。技术的研发始于铅冶炼,并在持续优化氧气底吹炼铅技术的过程中,逐渐将其延伸到铜冶炼领域,已成为铜铅领域世界领先的冶炼技术。英国《金属导报》曾评价:"氧气底吹熔池冶炼技术指明了金属冶炼行业乃至多个领域未来十年、数十年,乃至上百年的发展方向。"

（2）富氧侧吹熔池熔炼技术

富氧侧吹熔池熔炼技术采用工业氧进行强化熔炼,物料通过加料系统从炉顶加料口连续加入炉内,富氧空气则从炉身两侧一次风口鼓入炉内熔体中,从炉顶加入的物料在强烈搅动的熔体中快速熔化完成化学反应。该技术应用范围广,已推广至铅、锌渣、铜、镍、锑、铋,以及有色金属综合回收领域。

2. 液态高铅渣直接还原技术

传统铅冶炼方法为烧结焙烧 - 鼓风炉熔炼法,存在环境污染严重、流程长,能耗高等缺点。近年来发展的铅精矿氧气底吹 - 鼓风炉工艺在我国应用较广,但还原段采用的鼓风炉工艺需要将高温液态高铅渣冷却铸块后再入炉,因此不能有效利用高铅渣的潜热,且环境污染严重。液态高铅渣直接还原技术是一种能充分利用氧化熔炼产生的熔融高铅渣的热能,将液态铅渣中的铅化合物还原为铅单质的工艺。例如,中南大学研发了液态高铅渣富氧侧吹熔池熔炼还原技术,将铅精矿底吹炉或侧吹炉氧化熔炼产生的液态高铅渣直接以熔融状态放入富氧侧吹炉中进行还原熔炼,利用铜水套侧墙上的风口鼓入富氧空气,对炉内熔体进行剧烈搅动,实现了高铅渣的还原和金属 - 渣的分离。相比于传统的富氧底吹 - 鼓风炉工艺,该技术充分利用了氧化熔炼产生的熔融高铅渣的热能,并通过强化反应条件实现高铅渣的深度还原,液态渣中金属的综合回收率达 96% 以上,与现有氧气底吹 - 鼓风炉还原熔炼工艺相比,每吨铅能节约标准煤 70 kg。

3. 大型锌精矿流态化焙烧技术

锌精矿焙烧的目的是将精矿中的硫化锌氧化成氧化锌,同时使精矿中的硫氧化为二氧化硫以便后续制酸。实际生产中,焙烧温度一般控制在850 ~ 1 000 ℃,介于硫酸化焙烧和氧化焙烧的温度之间,焙烧的产物为氧化锌、铁酸锌、硫酸锌等。

中国恩菲工程技术有限公司研发了国内第一台具有自主知识产权的 152 m² 大型流态化焙烧炉,并在白银有色集团股份有限公司、株洲冶炼集团股份有限公司等建成投产多套焙烧系统,将我国锌冶炼行业技术水平提升至世界先进水平,推动了锌冶炼行业绿色低碳转型。

4. 再生锌技术

二次锌资源主要包括镀锌过程中产生的热镀锌渣和锌灰、锌合金生产过程中产生的新废料、报废的锌合金、钢铁行业电弧炉烟尘和瓦斯泥、瓦斯灰、铜铅等行业冶炼产生的含锌烟尘等。我国再生锌企业目前整体规模较小,在原材料处理上主要利用火法工艺转换二次原材料成为次氧化锌及锌焙砂,然后再使用火法处理和湿法处理生产再生锌锭。湿法工艺有酸法、碱法、氨法,火法工艺即电炉法。火法工艺普遍锌回收率低、环保差,酸浸工艺则存在酸耗高、过滤困难等问题。因此,我国再生锌工艺将以碱性体系处理工艺为主,根据使用浸出剂的不同分为碱浸法(氢氧化钠浸出)和氨浸法(氨水或铵盐溶液浸出)。其中,碱浸能够表现出比酸浸更好的选择性;以氨水作为作为浸出剂具有碱度适中、可回收重复利用等优点;使用氨-氯化铵浸出体系可提高锌浸出率。此外,金属提取是二次金属资源湿法回收利用的最后一个环节,氨法电解相对来说成本更加低,但目前氨法电解不够完善,电解液的配置以及结晶浸出率等问题仍需新的创新技术解决。

6.2.4 镁冶炼低碳技术

我国是世界上第一大镁生产国和出口国。热还原法和电解法是目前两种主要炼镁方法。其中,以皮江法为代表的热还原法是我国原镁生产的主要方法,其原镁产量占我国原镁总产量的 90% 以上。但该方法存在原料利用率及热效率低,污染物及二氧化碳排放严重等问题。铝热法、真空碳热还原法和再生镁技术等炼镁方法能耗更低,碳排放更少,近年来受到越来越多的关注。

1. 铝热法

铝热法炼镁作为一种高效、节能、环保的炼镁技术,以氧化镁或白云石为原料、以铝粉为还原剂,在真空条件下采用热还原制取金属镁,同时副产轻质碳酸钙、镁铝尖晶石或铝酸钙水泥，生产过程中无废渣、无废水外排，真正实现了环境友好。中铝郑州有色金属研究院有限公司开展铝热法炼镁工艺试验，初步实现了镁的规模化高效连续冶炼，每生产 1 t 镁，同时可产出 6.2 t 轻质碳酸钙、2 t 铝镁尖晶石。与皮江法相比，其还原料总量减少约 52%，能耗降低约 54%，二氧化碳减排约 42%，且镁还原过程无废水、废气、废渣排放。

2. 真空碳热还原法

碳热还原法是以碳质材料作为还原剂，在高温条件下从氧化镁或者其他煅烧镁矿中还原获得镁蒸汽，并冷凝后得到固态金属镁。但常压下碳热还原法还原温度过高，冷凝产物镁粉需重新压团蒸馏分离提纯，导致工艺流程和设备复杂、生产效率低且成本极高。真空碳热还原炼镁具有低成本、低能耗、低资源消耗、环保等优点，被认为是一种理想的镁清洁生产工艺。昆明理工大学田阳等系统量化了真空碳热还原炼镁工艺的物质流、能量流和环境影响，并与皮江法进行对比。对比结果表明，因采用焦煤作为还原剂和具有更低的料镁比，该工艺不可再生矿产资源消耗量、综合能耗、温室气体排放量以及固体废弃物产生量分别降低了 63.14%、69.16%、66.67% 和 90.45%。

3. 再生镁提纯技术

镁合金废料的回收提纯，主要针对的是大量氧化物及铁、镍、铜的杂质元素。常用的方法是溶解法和真空升华提纯法。溶解法工艺流程包括熔化、去除氧化物、除铁、调整化学成分、除气、铸锭。真空升华提纯法根据各种金属蒸汽气压不同而使镁与其他金属分离，是在较高的真空和较低的温度下，使镁从固态蒸发，并真空冷凝成固态的提纯方法。日本还开发了一种不涉及重熔的回收技术，该技术采用了"固相回收法"，即利用挤压回收镁合金废料，实现了低能耗环保回收。

6.3 水泥行业流程再造技术

我国是全球最大的水泥生产国，水泥产量连续多年保持世界第一。2023 年，我国水泥行业碳排放量仅次于电力和钢铁行业，减排任务艰巨。水泥行业二氧化碳排放主要源于熟料生产过程，其中碳酸盐分解所排放的二氧化碳占水泥生产二氧化碳排放总量的 50% ~ 60%，燃料燃烧产生的二氧化碳占 30% ~ 40%。水泥行业节能降碳技术主要涉及熟料煅烧清洁燃料替代、低碳水泥生产、节能能效提升等。

6.3.1　熟料煅烧清洁燃料替代技术

水泥生产过程中，熟料的高温（1 300 ~ 1 450 ℃）煅烧过程会消耗大量的化石能源。清洁燃料替代技术旨在利用生物质燃料、氢、氨等低碳/零碳燃料对传统化石燃料进行替代，从而减少熟料煅烧过程中因能源活动造成的二氧化碳排放。

1. 生物质燃料替代

生物质燃料具备碳中性、可再生性和环境友好性（碳含量低、不含硫、重金属等元素）。使用生物质燃料替代传统化石燃料不需要对水泥窑进行大规模改造，还能与碳捕集技术形成负碳技术组合。相较煤炭，生物质燃料生产水泥可以降低 15% ~ 25% 的碳排放。现阶段，我国主要的水泥生物质替代燃料有秸秆、稻壳和木材废料等。以秸秆为例，秸秆燃料替代技术可实现约 40% 的燃料替代率，显著减少氮氧化物、二氧化硫、有害废气和废渣的排放。2020 年，我国首套生物质替代燃料系统——枞阳海螺生物质替代项目建成投产，每年可利用秸秆等生物质 15 万 t，实现生物质燃料替代原煤率超过 40%。2021 年该项目替代燃料累计使用 22 013 t，节约标准煤约 9 000 t，相当于减少二氧化碳排放近 2.4 万 t。

2. 氢能煅烧水泥熟料技术

氢气理论上可以大比例替代燃煤，替代比例达到 20% 时，可使吨熟料的碳排放降低约 32%。国际上很多水泥公司均尝试采用氢能代替燃煤进行水泥熟料煅烧。例如，2021 年，Heidelberg Cement 子公司 Hanson UK 英国里布尔斯代尔工厂的示范项目，成功将 39% 氢气、12% 肉骨粉、49% 甘油的混合替代燃料应用于水泥熟料生产。墨西哥水泥企业 CEMEX 与其他企业合作，利用等离子体电解将生物甲烷、天然气等转化为氢气，耦合替代燃料使用，提高了替代燃料比例。

我国熟料煅烧氢能利用技术还处于研究阶段。中国科学院大连化学物理研究所等单位提出了双供氢系统煅烧水泥熟料技术路线，即通过风能、太阳能、水电等绿色能源，利用高效水电解技术获得氢气和氧气，采用特制的多射流燃烧器混合燃烧煅烧水泥熟料；烟气进行水和二氧化碳分离，水汽冷凝后返回电解工段循环利用，二氧化碳被捕集后作为冷却风用于熟料冷却，不断富集；捕集的二氧化碳还可与氢气反应制备甲醇燃料，实现水和二氧化碳的自循环利用。天津水泥工业设计研究院有限公司正大力研发氢能耦合替代燃料碳减排技术，拟通过将氢能与替代燃料混烧，实现氢能与替代燃料燃烧效果耦合提升，达到水泥煅烧氢能利用量不低于 20%，燃料替代率不低于 80% 的目标。

6.3.2　低碳水泥生产技术

低碳水泥是指使用替代原料（利用低碳排放原材料替代传统石灰石生产水泥熟料）生产水泥或生产新品种水泥（非传统硅酸盐水泥），从而减少传统水泥生产过程的碳排放。

1. 生料替代技术

采用非碳酸盐原料提供水泥生产所需的氧化钙，能够有效降低石灰石分解产生的二氧化碳排放。电石渣是电石生产乙炔过程中产生的废渣，其主要成分为氢氧化钙，可提供水泥熟料生产所需钙质，降低熟料烧成热耗。目前，电石渣已经基本实现在水泥行业的全部固废利用。钢渣包含水泥生产的所需的钙质成分，使用钢渣能够改善生料的易烧性，降低熟料烧成的煤耗，生料中搭配约 4% 的钢渣能够使单位熟料二氧化碳排放减少约 15 kg，但钢渣成分波动大，稳定性差，原料替代利用率较低，仅有少量（约占钢渣产量 5%）用于水泥生料配料。粉煤灰中的硅、铝含量较高，钙含量相对较低，一般作为水泥生产中硅质原料和铝质原料的替代品，减碳潜力一般。

2. 低碳水泥熟料技术

（1）高贝利特水泥

水泥熟料中 C_3S 矿物的生成焓为 1 810 kJ/kg，而 C_2S 矿物的生成焓仅为 1 350 kJ/kg，增加熟料中 C_2S 的含量并减少 C_3S 的含量是降低熟料煅烧能耗的有效途径。高贝利特水泥以 C_2S 为主导矿物，C_2S 含量一般达到 45% 以上，与普通硅酸盐水泥在矿物组成上的差别主要在于 C_3S 和 C_2S 的含量基本对调。高贝利特水泥使用的原料与传统硅酸盐水泥基本相同，需加入石膏、重晶石、黄铁矿、铜尾矿和铅锌尾矿等外加剂以稳定高活性 C_2S 晶型,但石灰质原料用量降低,烧成温度降低约 100 ℃,因此可节约煤耗 5%~15%,理论上可实现 20% 的碳减排量。

（2）硫（铁）铝酸盐水泥

硫铝酸盐水泥以适当成分的石灰石、矾土、石膏为原料,在 1 300~1 350 ℃ 温度条件下煅烧而成,具有早强、高强、高抗渗、耐蚀等优点。我国于 20 世纪 70 年代自主研发了硫铝酸盐水泥,20 世纪 80 年代又首创了铁铝酸盐水泥的工业生产。硫（铁）铝酸盐水泥的矿物组成特征是含有大量硫铝酸钙矿物,熟料中的氧化钙含量仅有 35%。其原材料石灰石用料的减少和煅烧温度的降低使其具备低碳低能耗特性,与传统硅酸盐类水泥相比,碳排放可降低 30%~40%。

（3）贝利特－硫铝酸盐水泥

贝利特－硫铝酸盐水泥是为解决高贝利特水泥早期强度较低的难题而研发的,该水泥品种是在熟料矿物体系中引入硫硅钙石和硫铝酸钙,烧成温度降低至 1 250~1 300 ℃,因而能量消耗和二氧化碳排放量均相对较少。相比普通硅酸盐水泥,可节约 10%~15% 的燃料和电力电力消耗,二氧化碳排放降低 30% 左右

（4）石灰石煅烧黏土水泥

石灰石煅烧黏土水泥（limestone calcined clay cement，LC^3）由瑞士洛桑联邦理工学院研发,是一种由石灰石、煅烧黏土、石膏和熟料组成的水泥。其中,石灰石与煅烧黏土会发生反应生成碳铝酸盐水合物,促进水泥水化,水化产物随着煅烧黏土掺量的增加而增加,因此在较高水泥熟料替代率时,LC^3 仍具有较高的力学性能。最常用的 LC^3 体系组成为 LC^3-50,包括 50% 水泥、30% 煅烧黏土、15% 石灰石以及 5% 石膏。LC^3 解决了熟料生产过程中的两种碳排放源。这是因为煅烧黏土和石灰石在加热时都不会释放碳,且煅烧黏土土因加热温度较低所需燃料量减少,降低了碳排放。

（5）Solidia 水泥

美国新泽西州 Solidia 科技公司研发了低钙高硅的 Solidia 水泥,其主要矿相是钙硅石（$CaO \cdot SiO_2$）和硅灰石（$3CaO \cdot 2SiO_2$）,采用与普通水泥相

似的材料进行生产，配料中石灰石占 55%，硅质材料占 45%，窑内温度 1 200 ℃。由于熟料烧成温度低，单位热耗低，因此二氧化碳排量相对较低，生产 1t Solidia 水泥熟料的二氧化碳排放量约为 550 kg。此外，Solidia 水泥还通过硬化吸收空气中的二氧化碳，1 t 水泥可吸收约 0.24 t 二氧化碳，能大幅降低水泥的碳排放量。该种水泥因其良好的绿色环保性能受到了很多研究人员的关注，但是目前 Solidia 水泥仍处于研发试验初期，面临较多的挑战。例如，该水泥必须在高浓度的二氧化碳环境中才能形成强度，因而受到养护方式的限制等。

6.3.3　节能提效技术

节能提效技术旨在提高现有水泥工业设备的性能和效率，通过技术优化和局部改进降低系统能耗，达到碳减排的目的。

1. 粉磨节能提效技术

粉磨是水泥生产的重要工艺过程，每生产 1 t 水泥熟料，需要将 1.5 t 石灰质原料及硅、铝、铁质原料混合粉磨至粒径在 80 μm 以下的细粉颗粒，有助于生料均化和熟料煅烧；而每生产 1 t 水泥也需要将等量的熟料和石膏、混合材混合，粉磨至比表面积达 400 m²/kg 左右，以满足水泥产品性能指标要求。传统的粉磨工艺采用球磨机，物料在球磨机中先由大钢球冲击破碎，再经小球锻研磨成细粉，但由于钢球研磨介质之间的无效撞击及摩擦，用于物料产生新表面的能量仅为输入到球磨机系统总能量的 2% ～ 20%，能量损失达到 80% 以上，即大多转变为无效的热能和机械能。目前，较为先进的生料粉磨技术有两种：立磨粉磨技术和辊压机终粉磨技术。

（1）立磨粉磨技术

立磨用于生料粉磨，系统简单，运行平稳性较好，对物料综合水分的适应性十分理想，能在满足各种操作条件和均衡运行的前提下，实现节能的目标；但其输出能力对风路系统的依赖较大，循环风机的电耗对系统电耗的贡献很大，几乎为单位产品电耗的一半。所以，在循环风机选型时，必须确保其性能参数的稳定性，才能保证系统产能，降低单位电耗；同时，在满足选粉机选粉风量要求的前提下，应适当降低磨内通风量、加大物料外循环量。

钢渣立磨技术采用料层粉磨、高效选粉技术，集破碎、粉磨、烘干、选粉为一体；通过磨内除铁排铁、外循环除铁、高压力少磨辊研磨等技术，使得钢渣中的金属铁被有效去除，钢渣立磨粉磨系统能耗降低至 40 kW·h/t 以下。

（2）辊压机终粉磨技术

辊压机终粉磨是更加节能的生料粉磨方案。在相同条件下，其电耗比立磨系统低 2 ~ 6 kW·h/t，热风用量也少于立磨系统。辊压机采用中高压料床粉碎，一次挤压输入功效率更高，对物料的破碎力度更大，产生的细粉成品率更高，粉碎效率优于立磨。该系统采用外循环机械输送，对挤压后的物料进行专业筛选（V 形气流分级机和高效选粉机），减少了循环风机和风路系统的配置，降低了投资成本和系统选粉电耗。辊压机的辊面可以使用耐磨的硬质合金柱钉辊面，适应更难磨物料的磨损，普通硬度的原料粉磨正常使用寿命可达 250 000 h，显著减少维护工作量。虽然辊压机终粉磨系统设备较多，但操作维护简单，并且由于配置了独立的高效选粉机，其产品品质控制更加精确灵活。

2. 烧成系统节能提效技术

（1）冷却机升级换代技术

熟料冷却机是熟料烧成系统的关键设备。目前，冷却机的升级换代主要是将原有第三代篦冷机整体更换为第四代步进式篦冷机。步进式篦冷机通过增加固定篦床的面积，加强二三次供风区域的风量并提高窑头余热发电风温，相较第三代篦冷机整体冷却效率明显提高，可实现吨水泥熟料降低约 1.2% 的二氧化碳排放。步进式篦冷机配置中置辊式破碎机，可进一步提高熟料冷却效果，增加余热发电能力，提升篦冷机运转率，降低烧成系统综合能耗。

（2）燃烧器优化技术

① 窑头燃烧器优化改造

根据燃料特性，进行窑头燃烧器结构优化或整体改造（强化回转窑燃烧器性能，提升窑内煅烧温度，降低一次风用量），或改造成可使用生物质、塑料微粒、橡胶微粒等高品位替代燃料的多功能燃烧器，能够减少化石燃料使用量，降低系统综合能耗。

②多通道燃烧器

多通道燃烧器是通过合理设计燃烧器的风速和通道，有效利用二次风、降低一次风量、形成大推力的燃烧技术。该技术具有燃烧效率高、风速高、推力大、调节灵活、火焰形状可调等优点。多通道燃烧器一次风用量仅为 7%～10%，较传统燃烧器低 4%～7%；而一次风用量每降低 1%，熟料单位热耗便可降低 8 kJ/kg，因此多通道燃烧器可比三通道燃烧器降低热耗约 33 kJ/kg。与传统燃烧器相比，可节煤 10% 左右。

（3）预热器分离效率提升及降阻优化

预热器的主要功能是充分利用回转窑和分解炉排出的废气余热加热生料，使生料预热及部分碳酸盐分解。预热器系统的阻力损失为各级旋风筒的压力损失与系统管道压力之和。预热器系统压损每降低 500 Pa，可节省电耗 0.66～0.77 kW·h/t。更换原有旋风筒蜗壳部分，能增大旋风筒进口面积。合理设计蜗壳结构形式，可以达到提高旋风筒分离效率、减小旋风筒内切风速和降低系统阻力的目的；采用预热器控制漏风、结皮技术，能优化下料管及撒料盒结构，提升物料在预热器进风管道中的分散效果，不仅能提高气固换热效率，也可大幅降低预热器出口温度和阻力，降低烧成系统热耗和电耗。

（4）风机效率提升节能技术

风机是水泥生产线上最常见的空气供应设备。它们通过将大量的空气输送到各个部位，为煤粉喷出及窑头、窑尾、熟料冷却等过程提供动力。此外，风机还有气力输送、除尘、燃烧控制的功能。风机会消耗电力，应对其进行节能技术改造，以减少能源消耗。近年来，节能风机技术开始广泛应用，水泥工业使用高效风机、新型悬浮风机、永磁电机（低负荷运行时）、高效联轴器等节能通用设备能够起到很好的节电效果。

3. 其他节能提效技术

低温余热发电技术在水泥熟料煅烧过程中，利用余热回收装置对窑头、窑尾所排放的低品位废气余热进行直接回收，用于加热水产生蒸汽并推动汽轮发电机运转，实现"热能→机械能→电能"的转换过程，可以节电降耗、降低水泥生产成本。5 000 t/d 的水泥熟料生产线采用该技术可降低约 18% 的综合能耗，每年减少二氧化碳排放量约 6 万 t，节约标准煤约 2.5 万 t，并能够显著减少二氧化硫和氮氧化物的排放。

智能化节能提效技术通过对生产全过程各工艺重点用能设备能耗数据进行实时监测，挖掘节能空间并制定运行改善措施，从而提高水泥生产的能源利用效率及节能降碳水平。

智能水泥厂的建设通常包括 4 个模块：集成质量控制、智能优化控制、数字化生产控制和智能设备运维。这 4 个模块从质量管理、生产控制、生产运营和设备运维等方面提高了工厂的智能化和信息化水平。

依托自动化基础设施中的智能检测仪器、支持一体化质量控制中的智能质量管理系统，以及基于全厂物流的质量数据模型，可打通质量控制和智能优化控制环节，实现生料磨系统、磨煤系统、燃烧系统、水泥磨系统等过程的智能优化控制。依托"先进控制＋大数据＋AI 算法"的集成应用，可实现窑况异常识别、自主优化，以及游离氧化石灰和熟料强度的实时预测。

6.4 化工行业流程再造技术

化工行业作为我国六大高耗能行业之一，是重点减碳领域。截至 2020 年年底，化工行业碳排放量超过 2.6 万 t 标准煤的企业约 2 300 家，碳排放量之和约占全行业碳排放总量的 65%。随着新能源技术的不断突破，石化等产业将迎来新的转型机遇，如未来石油将主要用于生产化学品及新材料。绿色高效原油炼制技术、煤油共炼技术、先进低能耗分离技术以及电催化合成氨 / 尿素技术将有效推动能耗、碳排放和污染物排放同步降低。

6.4.1 绿色高效原油炼制技术

不同于传统原油炼制技术，绿色高效原油炼制技术将原油直接转化为烯烃、芳烃等化学品，可将化学品效率由传统炼油的 15% ～ 20% 提高至 70% ～ 80%。这一技术颠覆了传统炼油 / 炼化一体化的工艺流程，最大程度利用了石油的资源属性，与绿电 / 绿氢等可再生能源相集成，可大幅减少碳排放，这也是石油化工未来重点发展的方向。其中，分子炼油技术和原油直接裂解制化学品技术是典型代表。

1. 分子炼油技术

分子炼油是从分子水平认识石油加工过程，能准确预测产品性质并优化工艺，将原料定向转化为产物分子，减少副产物，实现石油的高值化利用。相比于传统石油炼制的流程，分子炼油技术极大实现了低碳高效转化。目前，分子炼油技术主要包括清洁汽油生产技术、清洁柴油生产技术、分子化重油加工技术、石油脑正异构烃分离技术和炼厂干气加工利用技术等。分子炼油技术可以产生巨大的经济效益，已成为国内外大型石油公司研究和应用的热点。

国外方面，埃克森美孚公司在分子炼油研究和应用上处于领先地位。得益于其在相关领域的一系列研究突破，埃克森美孚公司早在 2002 年就启动实施了分子管理项目。

国内方面，中石化集团接受分子管理理念较早。2008 年，镇海炼化应用计划优化模型和带反应的流程模拟模型，导入"分子管理"理念，通过优化原油资源、优化资源流向和能量配置，实现了炼油和乙烯生产整体效益的最大化。仅通过优化乙烯氢气、炼厂氢气、LPG（liquefied petroleum gas）、碳五等物料流向，年增加乙烯裂解原料超过 70 万 t，为炼油提供氢气超过 30 000 Nm^3/h。茂名石化和石家庄炼化也分别于 2011 年和 2013 年提出要深入落实"分子炼油"理念，按照"细分物料，细分客户，贴近指标，精心调配"的优化思路，实施资源差异化战略，建立完善分段优化预测模型，优化原油资源，合理安排加工流程和优选加工方案，力争实现效益最大化。2022 年 12 月，由中国石油化工股份有限公司主持的国家重点研发计划"基于分子炼油的关键催化材料及催化过程研究"项目启动，标志着我国在分子炼油技术上的一大进步。

2. 原油直接裂解制化学品技术

原油直接裂解制化学品技术的工艺流程：原油经闪蒸塔进行切割后分为轻组分和重组分；重组分进入重油提升管中进行催化裂解反应，生成的催化汽油随轻组分一同进入轻油提升管进行催化裂解反应；重油提升管和轻油提升管生成的气体经分离得到的 $C_3 \sim C_4$ 烷烃进入烷烃脱氢装置进一步增产丙烯和丁烯，重油提升管和轻油提升管生成的气体经分离得到的 C_4 烯烃与脱氢装置生成的

C₄ 烯烃再返回轻油提升管，通过催化裂解生产乙烯和丙烯；轻油提升管生成的催化裂解汽油经芳烃抽提后可得到芳烃产品，两根提升管生成的催化柴油经抽提可得到混合芳烃；催化汽油和催化柴油的抽余油返回轻油提升管可进一步增产乙烯和丙烯。

6.4.2 煤油共炼技术

煤油共炼制烯烃 / 芳烃技术是典型的煤化工和石油化工融合技术，可直接采用来自于煤化工和石油化工的平台产品，进行烯烃和芳烃等化学品的耦合生产。煤化工平台产品（包括甲醇和合成气等）都是低碳分子，而石脑油等石油化工平台产品属于多碳分子，两者的耦合可以大幅提高原子利用率及能量效率。煤油共炼技术包括甲醇 – 石脑油耦合制烯烃技术、甲醇 – 甲苯耦合制对二甲苯技术等。

1. 甲醇 – 石脑油耦合制烯烃技术

目前，世界低碳烯烃主要由石脑油热裂解制取，发展石脑油催化裂解制低碳烯烃是一个国际性的新趋势。近年来，在成功开发甲醇制烯烃（methanol to olefins，MTO）技术的基础上，研究人员开辟了一条新的技术路线——甲醇与石脑油耦合制取低碳烯烃。

这项技术使得从煤基生产的甲醇和从石油基生产的石脑油两种原料能在同一装置中进行处理。这在很大程度上能够缓解裂解原料油品的价格波动所带来的成本上涨，规避行业风险，实现煤化工和石油化工的协调发展，对我国烯烃工业发展具有重要的意义。

甲醇与石脑油耦合制取低碳烯烃反应的主要特点有：① 甲醇在裂解催化剂上的反应是一个放热反应，而石脑油裂解反应是吸热反应，二者共进料可以实现能量优化利用；② 从已经进行的甲醇耦合烃类裂化的基础研究看，甲醇的引入可以降低裂解反应的活化能；③ 甲醇参与的反应可以带来较高的芳烃产物，进一步增加产品价值。

2006 年 6 月，中国科学院大连化学物理研究所完成了第一代甲醇制烯烃技术万吨级工业性试验，并于 2010 年 8 月在全球首次实现了煤基甲醇制取烯烃的工业化。2010 年 5 月，第二代甲醇制烯烃技术完成万吨级工业性试验，并于 2014 年 12 月实现首次工业化。2020 年，第三代甲醇制烯烃技术通过中国石油和化学工业联合会组织的科技成果鉴定。目前，5 000 t/a 规模的催化剂生产线已建成并成功实现工业化生产。

2. 甲醇－甲苯耦合制对二甲苯技术

对二甲苯（para-xylene，PX）是石化工业的基本有机化工原料之一，主要用于生产三大合成材料——合成树脂、合成纤维和合成橡胶。采用甲醇与甲苯选择性烷基化反应制对二甲苯是一条热门且较为经济的技术路线，国内外众多机构和公司投入大量的人力和物力进行研发。目前，国内外大型芳烃联合装置中均试图耦合设计甲苯歧化、烷基转移、二甲苯异构化以及甲苯甲醇烷基化等单元（见图 6-9）。甲苯甲醇烷基化有三大优势：一是工艺流程短，分离成本相对较低；二是原料来源广泛，价格低廉；三是环保压力小，主要是副产物苯的量极少。

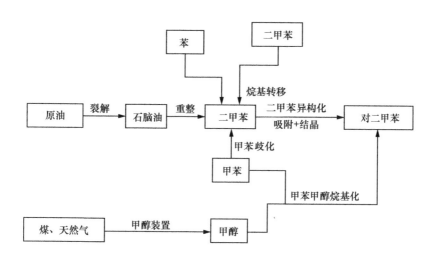

图 6-9　芳烃联合生产装置中对二甲苯的合成网络

中国科学院大连化学物理研究所首次提出甲醇甲苯制对二甲苯联产低碳烯烃的技术路线：在实现甲醇甲苯烷基化制对二甲苯反应的同时，利用甲苯及其烷基化产物（二甲苯、三甲苯等芳烃产物）等芳烃物种促进按照"烃池"机理进行的甲醇转化制烯烃（特别是乙烯）反应的发生，从而实现在一个反应过程中同时高选择性地生产对二甲苯和低碳烯烃（乙烯和丙烯）。2017 年，中国科学院大连化学物理研究所完成了甲醇甲苯制对二甲苯联产低碳烯烃技术的千吨级循环流化床放大试验，并通过了中国石油和化学工业联合会组织的科技成果鉴定，达到了国际领先水平。主要技术指标如下：甲醇单程转化率大于95%，甲苯单程转化率大于35%，二甲苯产物中对二甲苯选择性约为94%，1 t甲苯可生产1.1～1.3 t对二甲苯。

6.4.3　先进低能耗分离技术

分离是化工工业的重要过程，先进低能耗分离技术不但能节约能源消耗，降低污染，减少二氧化碳排放，甚至能够开辟获取关键资源的新途径。离子液体强化分离技术和膜分离技术是典型的先进低能耗分离技术。

1. 离子液体强化分离技术

离子液体是指在室温或室温附近温度下，完全由阴、阳离子组成的呈液态的液体熔盐。离子液体的特殊蒸馏、特殊吸收与特殊萃取是化工分离过程强化领域具有代表性的重要方向。

离子液体可以通过筛选或调节离子液体结构而对目标物产生良好的选择性；离子液体不挥发的特点又可以使其通过闪蒸等方式和目标分离，由此离子液体被广泛用作萃取剂和吸收剂等。例如，使用离子液体捕集可挥发性有机物中的二甲氧基乙烷；使用离子液体萃取航油中的稠环芳烃；离子液体应用于脱除煤焦油环境中的挥发酚，则比传统方法更加绿色高效。

离子液体还具有良好的物理化学稳定性，对含硫化合物呈现出较高的溶解能力，并具有一定的催化反应性能，因此可以用于油品萃取脱硫。图6-10所示为离子液体用于油品萃取脱硫的基本概念。

2. 膜分离技术

膜分离技术是在一定的压力下，将水中的溶质通过膜过滤出来，从而达到分离的效果。在油气田水处理过程中，膜分离技术应用的主要方向包括海上油田注水和地面油水分离，通过膜分离可以直接过滤掉混合物中的杂质，从而大大提高油水分离的效率。膜分离技术是目前最具发展前景的分离技术之一，其优势有：过滤效率高、处理效率高；制作工艺先进，能够有效降低制作成本；具有控制性强、可靠性强的特点，能够做到对水质进行有效控制，保证水质稳定性和处理效果。

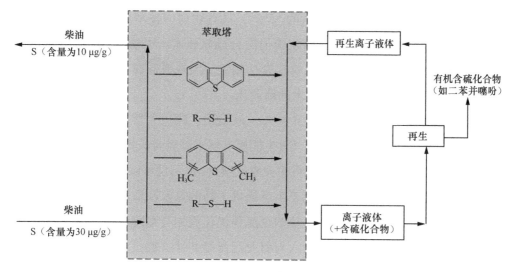

图 6-10 离子液体用于油品萃取脱硫的基本概念

对于不同种类的水体可以采用不同类型的膜分离技术。对于含油水体，可采用超滤膜和反渗透膜进行处理，而对于含盐水体，则需采用反渗透膜。另外，在膜分离技术应用过程中，膜的种类、膜的组成和膜的性能对分离效果有着至关重要的影响。细分下来，膜的种类包括超滤膜、纳滤膜、反渗透膜和气体分离膜等，各种膜均有其特定的应用范围和分离效果。

超浸润型油水膜分离技术是将亲水疏油的涂层材料涂在基底上，使混合液通过基底实现油水分离的目的。该技术制成设备以后，占地面积小，投资少，不用添加任何药剂，就能使油水分离达到极佳的效果。目前，该技术在国内油田油水分离领域尚无实际应用案例。

6.4.4 电催化合成氨/尿素技术

电催化合成氨/尿素技术是一种采用电能驱动的节能技术，其原料为绿色环保的水和氮气。该技术分为电解水制氢–合成氨/尿素耦合技术和电催化氮气直接合成氨/尿素技术。

1. 电解水制氢–合成氨/尿素耦合技术

电解水制氢–合成氨/尿素耦合技术利用电解水制绿氢、空分制氮，再经哈伯法合成氨和尿素。该技术避免了传统合成氨工艺中制氢过程大量的二氧化碳排放(占合成氨过程总排放量的 75%),具有较高的技术成熟度,在未来有望取代传统甲烷重整/煤气化制氢哈伯法合成氨技术。电解水制氢-合成氨/尿素耦合技术成本与电价及制氢价格密切相关,大规模低成本的制氢技术及可再生电能的普及将极大推进该技术的商业化。

清华四川能源互联网研究院正在与三峡集团、四川大学、四川省能投集团等多家单位共同开展"十万吨级可再生能源电解水制氢合成氨示范工程"。该项目为首例仅采用电力作为生产原料的合成氨项目,这不仅可以将白白流失的"弃电"化废为宝加以利用,还为化工生产提供了新的氢源获取途径。该项目突破了可再生能源制取氢气合成氨系统的全流程优化规划与系统设计、运行控制策略、安全防护体系建设、系统接入与商业运营等共性关键技术难题,提出了创新的工程规范与相关行业标准。若可再生能源电解水技术能进一步推广到其他化工或材料行业,将有效提高可再生资源利用率,大大降低一次化石能源的消耗,为"双碳"目标的实现贡献重大力量,意义非凡。

2. 电催化氮气直接合成氨/尿素技术

电催化氮气直接转化合成氨/尿素技术利用电能驱动氮气加水直接合成氨,以及利用氮气、二氧化碳加水直接合成尿素。丹麦技术大学的研究人员的一项研究讨论了通过使用锂介导的电催化途径合成氨的方法(Li-NRR),在 Li-NRR 中,Li 被还原为金属锂,金属锂在自然环境条件下可以自发地与氮反应,分裂 $N \equiv N$ 三键,形成含氮锂化合物,随后通过质子源转化为氨。

第 7 章

绿色低碳技术的应用与实践

本章主要以技术应用案例的形式具体介绍各类绿色低碳技术的应用与实践情况，包含绿色工厂、绿色工业园区、绿色电力体系、能源互联网等。

7.1　绿色工厂

工业是我国国民经济发展的重要支柱，但也伴随着巨大的能源消耗和温室气体排放，给环境造成了严重的影响。在此背景下，推进工业生产载体的工厂向绿色低碳方向发展，对于实现国家经济绿色发展、支撑制造强国战略和"双碳"目标具有战略性和全局性意义。

案例 1：福建省恒申合纤科技有限公司

福建省恒申合纤科技有限公司（以下简称"恒申合纤公司"）于 2010 年 6 月注册成立，隶属于恒申控股集团有限公司，以锦纶民用丝生产为核心，并辅以锦纶 6 聚合切片、氨纶丝的生产，在全球范围内率先完成了"环己酮—己内酰胺—聚合—纺丝—加弹—整经—织造—染整"锦纶八道产业链的完整布局，是福建省纺织行业龙头企业。2020 年，恒申合纤公司入选工业和信息化部"第五批国家级绿色工厂"。

（1）建设绿色花园工厂

恒申合纤公司始终秉持绿色环保的理念，将"节能减排、低碳环保"贯彻落实，近几年污染物排放量均符合环保部门的要求；同时，不断推进工业废水循环利用措施，2022 年重复利用水量达 19 800 m³。2019 年，恒申合纤公司获评"全国绿化模范单位"，绿地率超 35.5%，节水器具配置率、节能灯具使用比例均为 100%。锦纶生产车间楼顶均加装静电吸附、水洗喷淋装置；氨纶车间楼顶均加装 UV 光解、酸洗喷淋装置，对所有工艺尾气进行治理；此外，还自建污水处理站，采用厌氧生物处理法，设计日处理废水 2 000 t；所有锅炉严格按最新环保要求加装湿电除尘水幕喷淋脱硫设施，排放指标均优于国家标准要求。

（2）建设绿色管理认证体系

恒申合纤公司坚持绿色发展道路，践行社会责任，制定《绿色工厂管理办法》，建立能源管理体系，涵盖绿色产品研发、资源回收利用、环境污染综合治理、绿色管理体系等方面，已连续多年通过 ISO 9001 质量管理体系、ISO 14001 环境管理体系、ISO 45001 职业健康安全管理体系认证。

（3）实施节能技改措施

2022 年，恒申合纤公司工业固体废物产生量达 7 620 t，综合利用率达 100%。"十四五"期间，恒申合纤公司还积极响应国家"双碳"目标号召，采取相关节能措施，落实绿色发展战略。

① 锅炉改造：项目采用 4 套烟气治理工艺设施，实现锅炉烟气污染物达超低排放标准。

② 氨纶聚合废原液回收系统升级改造：项目将组件投位、铲板过程中排放的废原液，以及化验室黏度检测工序取样产生的废原液回收处理后送入纺丝组件，重新用于纺降等丝，同时还可回收 DMAC 溶剂，降低生产成本。

③ 聚合凝结水散发蒸汽加压回收系统：该系统可将现场加热含有水和蒸汽混合的低压蒸汽通过管道输送至凝结水回收的闪蒸罐后进行二次闪蒸，将水和低压蒸汽分离，产生的混合蒸汽可供应聚合原液储罐保温使用。

案例 2：山东东华科技有限公司

山东东华科技有限公司（以下简称"东华公司"）成立于 2004 年 8 月，由淄矿集团和中国联合水泥集团各出资占股 50%。截至目前，东华公司每年可生产熟料、水泥、矿粉 1 000 万 t，余热发电 1 亿 kW·h，处置固废 7.8 万 t、危废 10 万 t，初步搭建起集石灰石矿山开采，熟料、水泥、矿粉生产，发电，固废处置于一体的绿色建材产业架构。东华公司的产品广泛应用于高铁、高速公路、机场等国家级、省级重大项目，代表性工程有济青高铁、济青高速改扩建、青岛胶东国际机场、济南穿黄隧道等。

东华公司先后被认定为国家安全生产标准化一级企业、国家级绿色工厂、重点用能行业能效"领跑者"，并获得了全国建材行业先进集体等多项荣誉称号。东华公司正瞄准国家战略性新材料产业发展方向，聚焦能源集团新材料领域高起点布局，依托产业基础和优质资源储备，重点布局钙基新材料产业链、循环经济产业链、数字化及"碳中和"产业链"三大产业链",实施绿色矿山、钙基新材料、"碳中和"、循环经济、数字化提升"五大工程",建设国内一流、国际领先的"四化"(高端化、生态化、智能化、集约化)、"四零"(零购电、零排碳、零排废、零化石能源)钙基新材料产业示范园。

(1)"氢洁生产"为源头降碳提供技术支撑

以"氢"替煤,重构燃料渠道。东华公司在全球首创氢、氨、煤炭及各原辅材料混合燃烧技术,建成拥有完全自主知识产权的水泥行业首套氨供氢替代煤炭示范工程,项目控制及设施装备实现全国产化。该示范工程于 2022 年 6 月成功投入运行,一期工程实现 6% 燃煤替代率。项目挂帅人、公司总工程师朱波介绍,预计全部建成后每年可节约标准煤 6 万 t,即实现 20% 燃煤替代率,每年可减排二氧化碳 15.5 万 t,窑尾烟气氮氧化物含量可降至 50 mg/m³ 以下。

该技术一经问世,便受到德国、加拿大、俄罗斯等国能源领域科学家的广泛关注。欧盟氢能委员会专家认为,该项目超越了目前欧洲在此领域的氢能技术水平,为工业氢能利用"零"突破提供了样板参考。

以"光"变电,开发清洁能源。东华公司坚持以"两山"理念推动矿山环境恢复和区域综合利用,坚定走"复绿优先、绿电赋能"之路,实施"风-光-氢-储"战略,大力推进可再生能源综合利用。

以"废"补料,实现闭环管理。东华公司先后投资 1.03 亿元,利用公司 2 条水泥生产线,建设水泥窑高效固危废协同处置系统,实现危险废弃物的减量化、资源化、无害化。同时,在能源价格高涨背景下,固危废协同处置也很好地发挥了原燃料替代作用,实现了废物焚烧处置和水泥行业节能减排的结合。

(2)"工业大脑"为过程控碳创造有力抓手

新一代信息技术正在与制造业深度融合,数字化、网络化、智能化已成为全球制造业发展的重要方向。以打造国家级绿色工厂示范企业为统领,东华公司与阿里云合作开发了全国首个水泥工业智慧大脑项目,作为率先试行水泥生产工艺的数字化、智能化,盘活历年沉淀的数据资源价值。

水泥"工业大脑"一经上线,就显示出人工无法比拟的数据调配和综合控制能力,与原先比,熟料生产线综合能耗降低了 6.73%,质量稳定性提高了 28.48%。水泥"工业大脑"的成功应用,更坚定了东华公司用数字化释放先进产能的信心，也为传统产业高端化、智能化、绿色化转型提供了参考和借鉴。

与此同时，东华公司也从工艺优化出发，创新窑筒体余热回收利用，将过程热源"吃干榨净"，实现厂区供暖及制成事业部制冷，项目每年可节约标准煤近 1 000 t，减排二氧化碳约 2 500 t、二氧化硫 75 t、氮氧化物 65 t、粉尘 1 600 t。

针对环保管控新形势，东华公司还下大力气建立健全生产数据库，通过能耗数据子库及成本数字化分析工具，实施工艺级设备升级。一方面是升级设备对性能调优，结合生产负荷、历史数据及分时电价实情，分批次更新风机及传动电动机，实现关键设备、关键工艺的电耗成本优化，并完成磁悬浮风机、第四代步进式篦冷机和永磁电机的科学升级；另一方面是技改升级促稳产提效，建成山东省内首个中温 SCR 脱硝系统。

（3）"产业延链"为末尾消碳规划实施路径

按照"绿色开采、梯级利用、延链发展、打造集群"的理念，东华公司以石灰石资源梯级利用为核心，分层次布局钙基新材料产业集群，加快发展高活性氧化钙、氢氧化钙及轻质碳酸钙、纳米碳酸钙、食药级碳酸钙等钙基新材料产业，同时延伸纤维水泥板、碳酸钙透气膜、SPC 板材、功能填充塑料母粒等下游关联产业，是公司结合自身实际积极探索并坚定不移地进行产业升级转型之路。

在产业园建设中，碳基循环经济产业链与钙基新材料全产业链高度耦合，除前期先行布局的固危废协同处置、SCR 超低排放改造与"风－光－氢－储"项目外，东华公司还规划建设 CCUS 项目，推进装配式建筑固碳、纳米钙新材料消碳、农业绿植吸碳等"双碳"工程，实现园区内二氧化碳就地捕捉、储存、转化和应用。目前，纳米钙制备应用熟料线窑尾烟气二氧化碳中试产线已进入建设阶段，建成后将实现低浓度二氧化碳规模化消纳。

（4）"产业互联"为数字赋能贡献实体承载

数据的管理、分析、开发、应用是支撑碳分析、碳资产管理的最有效方式。基于水泥"工业大脑"，东华公司立足产业实体，完成了"双碳"工业互联网体系建设，全链条打通人、财、物、供、产、销数据壁垒，建成水泥行业碳资产管理平台，实现生产环节碳排放全过程的信息化管控。同时，为进一步做优、做强、做大数字经济，东华公司还组建了东华技术开发公司，开发工业数据资源管理系统、工业混合建模与联合计算系统产品，使工业互联网更契合各行业企业实体发展。"产业互联"下一步将聚焦工业企业绿色发展，坚定"让传统行业释放先进产能"，促进工业互联网与"双碳"产业链双向融合，打通"能耗－成本－碳"复合维度关系，助力工业企业主动拥抱数字化，实现资产变现，即布局碳优化、碳核查、碳咨询、碳金融4个业务板块，打造"双碳"闭合能力，以数字科技、降碳技术赋能实体经济发展。

7.2 绿色工业园区

2021年2月，国务院颁布了《关于加快建立健全绿色低碳循环发展经济体系的指导意见》，提出了实现碳达峰碳中和的战略目标，建立健全绿色低碳循环发展经济体系，促进经济社会发展绿色转型。在"双碳"目标提出的背景下，产业发展要以"产业经济生态化、生态经济产业化"为原则，形成节约资源和保护环境的绿色导向，构建促进绿色发展的体制机制，促进经济实现低碳循环发展。推动经济社会发展绿色化、低碳化是实现高质量发展的关键环节。习近平总书记指出："推动形成绿色发展方式和生活方式是贯彻新发展理念的必然要求，是发展观的一场深刻革命。"党的二十大对"推动绿色发展，促进人与自然和谐共生"作出战略部署，要求"加快发展方式绿色转型"。工业园区是工业企业集聚发展的重要场域，也是我国实施制造强国战略、推进产业转型升级的重要空间载体，在建设现代化产业体系、推动高质量发展中发挥着重要作用。推动工业园区绿色低碳发展，对于形成绿色发展方式具有重要意义。我们必须坚持以习近平新时代中国特色社会主义思想为指导，完整、准确、全面贯彻新发展理念，统筹谋划工业园区发展和生态环境保护等各方面工作，加快形成绿色发展方式。

随着我国工业化建设快速发展，工业建筑项目数量猛增。工业园区是制造强国的主战场，也是温室气体排放的重要来源地。我国工业园区数量多、种类广、发展阶段各异。根据清华大学陈吕军教授的研究，工业园区贡献了全国二氧化碳排放的31%，工业园区绿色发展是实现美丽中国和"双碳"目标的内在要求和重要途径。将绿色建筑理念引入工业建筑领域，建设节能与能源利用、节水与水资源利用、节材与材料资源利用、室外环境与污染物控制、室内环境与职业健康、运行管理等方面符合"资源节约环境友好型"和"可持续发展"理念，并可满足工艺生产及使用者需求的绿色工业建筑，对开展节能减排、落实绿色转型具有重大意义。

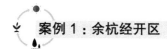

案例 1：余杭经开区

余杭经开区，隶属于浙江省杭州市，地处杭州市西北部。余杭经开区不断加快未来智造城建设步伐，始终坚持产城人融合发展和环境立区理念，科学有序推进绿色发展工作，2019 年被工业和信息化部评为"绿色园区"，开发区循环化改造引领高质量发展入选 2022 年度浙江省绿色低碳转型典型案例，建设新奥能源天然气泛能网项目，在省内同类型工业园区供能方式改革中居于领先地位。

（1）节能减排，助力企业技术改造

建立节能减排项目储备库，积极推广原料路线优化、流程再造等技术，并对清洁生产、节能降耗及循环经济等重点项目予以奖励补贴。2023 年 1～7 月，共帮助投资额 100 万元以上、节能减碳率达到 10% 的 6 家企业申报区级相关政策补助。

（2）高效利用，推动资源循环发展

依托骨干企业技术力量和产业链效应，加强金属废弃物处置力度，推动再生资源高效利用。例如，春风动力通过资源综合利用实现万元产值能耗利用率提升 49.82%，固体废弃物排放减少 20 t/a，污水排放量减少 10 917 t/a，挥发性有机物排放量减少 126.21 t/a。

（3）对标先进，加快绿色低碳转型

积极开展"生态工业区""绿色低碳工业园区"等创建工作，依托节能环保检测第三方服务机构，组织开展企业清洁生产审核、质量可靠性诊断，加快企业基础设施、产品开发、环境排放等绿色低碳转型。截至 2023 年 7 月，已累计培育国家级绿色工厂 6 家、省级绿色低碳工厂 6 家、市级绿色低碳工厂 17 家。

案例2:苏州工业园区

苏州工业园区作为全国开放程度最高、发展质效最好、创新活力最强、营商环境最优的区域之一,在国家级经开区综合考评中实现八连冠(2016—2023年),2018年入选江苏省改革开放40周年先进集体。园区始终坚持把规划的科学编制和严格实施放在首位,主张无规划不开发,规划不完善不建设,坚持以科学规划引导各项建设。

(1)推动能源改革

推动化石能源高效利用,通过对设备进行升级实现热电公司的综合能效;大力发展可再生能源,对满足一定条件的分布式光伏项目、光伏建筑一体化应用项目进行补贴,并接入碳普惠交易体系;推动资源循环利用,园区建成循环经济产业园,形成以"污水处理-污泥处置-餐厨及园林绿化垃圾处理-热电联产-沼气利用"为核心的,各环境基础设施间有机互联、互为能量和原料提供者的循环产业链,干化后污泥送至热电厂焚烧,垃圾处理过程中产生的沼气经提纯后并入园区天然气管网;开展能源综合利用,建立区域集中供冷供热系统。

(2)推动工业体系改革

加快绿色产业做大、做强。园区经过多年发展积累,已形成涵盖节能环保、清洁能源、清洁生产、基础设施绿色升级、绿色服务等领域的产业集群。2022年,园区绿色产业总体营收/产值规模约为1 316亿元,规模以上企业营收/产值规模达1 177亿元,在高效节能装备制造、新能源与清洁能源装备制造、研发设计、检验检测、污染治理、电站建设、光伏运营等领域表现亮眼,涌现出大金、阿诗特、艾默生、快可光伏、罗博特科、金龙联合汽车等一批产品技术领先、产品性能优异、品牌能力突出的龙头企业。

开展产业结构调整。园区生态环境局、经发委、安监等部门合作,对钢铁、纺织、化工三大传统产业和医药、造纸、电镀三大低生态效率行业中产能落后、污染重、能耗高、存在安全隐患且难以进行技术装备和工艺革新的,以及不符合园区发展规划的企业实行倒逼退出。同时,园区立足产业基础,着力培育特色产业地标,自2006年起重点规划、引导和培育了生物医药、纳米技术应用、人工智能三大新兴产业，以"十年磨一剑"的定力，集聚高端创新资源要素，不断优化产业生态。经过多年精心培育，生物医药、纳米技术应用、人工智能三大新兴产业的产值连续多年保持 20% 以上增长。

开展工业节能改造。园区以能源审计为依据，以园区节能与发展循环经济扶持项目专项资金为保障，以园区能源协会为平台，推动区域内节能降碳、资源节约、新能源利用和新技术的推广，重点开展以变压器为主的设备淘汰整治行动，鼓励企业开展节能降碳技术及循环化改造。推进能源管理体系基础建设，鼓励重点用能企业能源管理体系全覆盖。加快"绿色工厂"提升建设，加强园区内制造业企业绿色发展意识。截至 2023 年 2 月，园区累计 17 家企业入选国家级绿色制造体系，30 家企业入选省级绿色工厂，4 家企业获评苏州市首批"近零碳工厂"。

开展绿色服务支撑。园区通过线上线下相结合深化绿色低碳服务，营造比学赶超的良好氛围。线下以能源管理、节能减碳、新能源利用为重点，定期开展专题培训、供需对接、经验分享交流等活动，组织"工业节能进企业"、节能宣传周等主题活动，2022 年以来已举办 31 场活动，超 1 500 人次参与。线上开设"工业节能云课堂"和"益企能"专栏，并通过"企业服务一张网"汇聚企业绿色发展相关信息，帮助对接节能降碳服务资源，全力赋能企业绿色低碳发展。此外，发布"园区绿色低碳典型案例"和"园区主导行业节能减碳共性技术清单"，为区域工业低碳转型提供新思路，挖掘新亮点。

（3）推动绿色建筑建造和改造

新建建筑实施全过程低碳管理。园区全面履行《江苏省绿色建筑发展条例》要求，严格落实《苏州市绿色建筑工作实施方案》，在绿色建筑设计阶段、建设阶段、营运阶段实施全过程低碳管理，严格执行建筑节能"专项设计、专项审查、专项施工、专项监理、专项监督、专项验收"6 个专项监管制度，按照工程建设基本程序，对各环节实行全过程闭合监管，确保竣工项目符合节能设计标准。新建建筑中绿色建筑占比达到 100%，新建居住建筑全面执行 75% 节能标准。

推进建筑改造与可再生能源应用。园区积极推进大型公共建筑和居民住宅既有建筑节能改造，涵盖绿色照明、建筑能耗分项计量、建筑外窗、空调系统能耗监测系统等改造，实施星海书香世家酒店、书香门第月亮湾酒店、人力资源服务产业园、东沙湖股权投资中心等一批节能改造项目。在可再生能源应用方面,园区积极在住宅建筑顶部设置太阳能热水系统,大型公共建筑采用太阳能热水、太阳能光伏、地源热泵等可再生能源。

(4)推动绿色交通建设

公共交通设施完善。轨道交通方面,目前在园区范围内运营的轨道线路有1号线、2号线、3号线、5号线、6号线、7号线、8号线,S1线在建。公交方面,设置公交专用道超50 km,建设"常规公交-轨道交通""公交-自行车"等多种类型的换乘枢纽。公共自行车方面,园区有540余个公共自行车租赁站点,在园区政府机构周边、轨道交通出口、商业中心、金融中心、医院、重要景点及住宅小区等均有站点可供市民借还车辆。

城市交通智慧化发展。园区从2009年开始智能交通建设,已逐步实现园区大半区域的智能交通覆盖,为全园区实现智慧交通打牢基础。园区的智能交通软件系统架构为"一个中心、七个子系统",并打造了"数据源层-数据中台层-前台应用层-业务中台层"的智能交通总体架构。目前已建设了视频监控、诱导发布、信号控制、交通仿真、互联网+辅助决策、交管一体化平台、应急管理系统等多个平台与系统,探索建立包括自适应信号控制、自适应可变车道、需求式放行在内的自适应控制体系,进一步提高路网整体通行效率,减少行车延误,有效缓解交通拥堵,从而减少汽车尾气排放。

(5)推动绿色社区建设

低碳社区建设持续推进。2014年,园区获工业和信息化部和国家发展改革委联合授予"首批国家低碳工业园区"称号,2015年园区启动低碳社区建设工作,并于2016年出台全国首个园区层面的《低碳社区试点建设工作实施方案》,完成辖区内120余家社区摸底调研,通过政府引导、市场主导,循序渐进、逐步深入地倡导全社区参与低碳社区建设。园区主要从基础设施建设、运营管理和文化宣传三大方面开展低碳社区工作,同时构建"苏州工业园区低碳社区指标体系",指导评价低碳社区试点建设实施效果。

加强垃圾处理与资源循环能力。园区持续提高生活垃圾治理能力,截止2021年年底,共建成"三定一督"四分类小区459个,实现覆盖率100%,打造垃圾分类星级小区292个,垃圾分类成效明显。针对大件垃圾,园区制定印发《苏州工业园区住宅小区大件垃圾管理工作指导意见》,创新推出"小区内部设点、居民自行投放、免费轮动收运"的大件垃圾管理模式。资源循环利用方面，园区持续推进拆迁垃圾资源化利用处置，生活垃圾处理则依托循环经济产业园，实现集污水处理、污泥处置、有机废弃物处理、沼气利用、有机肥生产等多环节的资源再生利用。

开展低碳文化培育与教育宣传。园区大力组织开展"倡导低碳生活、共建和谐社会""落实'双碳'目标，共建美丽家园"等主题活动，向社区居民宣传倡导节能低碳的生活好习惯。各社区通过宣传，鼓励居民养成少开车、少开空调、节约水电、少使用塑料袋等生活习惯，倡导绿色节能的生活方式。学校与社区积极开展互动合作，通过绘画比赛、演讲活动等方式面向青少年宣传环保知识。园区还组织"邻里互助广场""跳蚤市场""汽车后备厢跳蚤市场"等主题的跳蚤市场活动，大力促进了物品再次利用。低碳生活的意识与理念在市民心中不断得到培养与灌输。

7.3　绿色电力体系

电力行业的碳减排是我国实现"双碳"目标的关键，电力行业应提前10～15 年实现碳净零排放。发展可再生能源电力是电力行业碳减排的重要措施，世界各国为促进可再生能源电力的发展，出台了可再生能源配额制、上网电价补贴、绿色电力证书、拍卖与招标、税收减免等政策。我国出台了可再生能源电力消纳责任权重考核机制、全额消纳保障机制、绿色电力证书、绿电交易机制、碳自愿减排市场等创新机制，期待以更灵活的方式、更低的交易成本、更高效地促进电力结构转型与碳减排工作的持续发展。

案例 1：广东珠海广达科技园

2023 年，广东珠海广达科技园绿色微电网项目——风光储一体化综合能源电站正式建成投产。该项目光伏的装机容量为 528 kW，储能系统容量为150 kW/300 kW·h，配备了 10 kW 的垂直轴分散风机，项目并网投产后平均年发电量约 73 万 kW·h，年平均节约 233.6 t 标准煤，减排二氧化碳约 700 t。

风光发电作为一种多能互补、经济高效、环保无污染的绿色能源，具有间歇性和随机性的特点，配置储能系统后可以提高新能源电站的"系统友好性"，可通过新能源与储能的协同优化运行，提升新能源消纳利用率和容量支撑能力。

优势一：峰谷套利

储能系统可以依据电价、负荷曲线进行充放电控制，通过低谷充电、高峰放电，降低峰值电费的用电比例，从电价中获取收益，实现电费节省。

优势二：平抑新能源波动

储能系统应用于风光互补的微电网中，可实现新能源发电功率波动的平抑，提高微电网供电的连续性、稳定性和可靠性。

优势三：系统备电

在计划、临时停电的情况下，储能系统能作为备电电源保障园区重要负荷的供电，提高用电的可靠性。

建设工业绿色微电网已经成为支撑我国工业绿色低碳化发展和新能源高比例消纳的有效路径，是发展工业绿色基础设施的重要内容，也是"源网荷储一体化"建设的有机组成。

案例2：华能日照电厂

华能日照电厂是隶属于华能集团的一个基层电厂，位于山东省日照市，依托港口，紧靠铁路，地理位置得天独厚。1997年3月，一期工程2×350 MW亚临界燃煤机组开工建设，2000年投入商业化运营，2001年被评为"全国一流火力发电厂"，成为黄海之滨的电力明珠。2003年，启动二期工程，2008年12月圆满完成2×680 MW机组投产运行，创造了国内同期同类型工程工期最短和单位造价最低纪录，并荣获"国家优质工程奖"。

从2006年起，企业加大投入，围绕烟气脱硫脱硝改造、城市供热等做了大量工作，推动企业实现了环保低碳发展，为地区节能减排事业作出了巨大贡献。2013年以来，坚持高点起步，在全省领先完成4台机组环保升级改造，企业绿色发展之路越走越宽。2015年，完成日照市"三位一体"供热体制改革，形成了热电一体的协同发展新格局，奠定了山东公司骨干大厂和盈利大户的重要地位，先后荣获全国五一劳动奖状、中国美丽电厂、低碳山东行业领军单位、华能集团首批优秀节能环保型企业等荣誉称号，连续 6 年被评为华能集团先进企业，连续 3 次被评为华能集团提质增效标杆企业。

（1）优化能源产业结构

华能日照电厂加大新能源、新业态发展，深刻把握能源变革新形势，深刻认识新能源发展面临的优质资源稀缺、获取难度增大、电网消纳受限等困难局面，立足城市、放眼全省、面向全国，集中式、分布式并重，开发、并购、合作并举，积极寻求优质资源。华能日照电厂以山东省稳步推动海上风电建设为契机，强化责任担当，加大工作力度，积极获取海上风电战略资源，力争核准海上风电 600 MW 项目，奋力向海图强；争取各方支持，扎实推进各项工作，加速五莲 200 MW 光伏项目建设和诸城 200 MW 光伏绿地项目收购，实现新能源装机零的突破。把新业态发展作为重要方向，加快分布式光伏、储能、氢能、充电桩、综合智慧能源等项目开发布局，探索"源网荷储用管服一体化"综合能源服务新业态，打造综合智慧能源发展的新优势。

（2）深化燃料绿色管理

华能日照电厂积极应对更加复杂的煤炭市场形势，充分发挥集团集约化采购优势，坚持"长协+现货"的燃料采购策略，合理制订采购计划，保持合理库存。加强与各级政府、海关的沟通，积极争取进口煤配额，全力以赴做好有价格优势的进口煤采购、通关工作。积极寻求瓦日线、北方港等优质煤源，进一步优化供应结构。依托输煤管廊项目，积极争取集团煤炭物流基地项目落地。持续深化厂内燃料绿色管理、配煤掺烧降低能耗等措施，创新实施智慧燃料绿色管理一体化项目。

（3）强化电力绿色营销

绿色营销大体分为两个层面：一个层面指增加面向大型企业直接供电的机会，提升华能日照电厂核心供电业务质量，优化配置电力资源，减少供电过程中的能源损耗；另一层面指提供智能化、个性化的增值服务。绿色营销是通过产品、变革渠道、绿色服务等不同方式组合，将节能减碳的生态理念贯穿到营销活动链条的全过程。在电力市场营销过程中减排减碳，同时向智能型、服务型生产企业发展转变，基于华能日照电厂主营业务再开发并推出系列服务，如个性化、智能化定制服务。同时，全力争取优先发电计划，持续开拓中长期市场、零售市场，充分发挥基础电量和长协电量的压舱石作用。深入研究现货市场政策和交易机制，认真分析发电的"量价"关系，建立完善部门联动的现货市场交易管理机制，努力抢发一切边际贡献为正的电量，确保利用小时对标领先。加大辅助服务市场交易奖惩力度，科学精细过程管控，提升综合效益水平。

（4）加强绿色经营管理

华能日照电厂内部需要对运营过程中各职能部门，全体职工进行绿色文化培训学习，提高节能减碳意识及技能运用。同时开发能够作用于生产链的数字化操作系统，对各个环节中的各项指标进行实时监管和控制，有利于节能减碳。基于华能日照电厂生产全过程的绿色转型升级，就是在全链条、各环节上进行绿色革新，形成绿色发电、绿色供电、绿色用电发展循环。

深化全面对标，强化预算执行的监控、分析和反馈修正，科学开展项目全生命周期成本管控。科学做好全年资金筹划，探索电票盘活利用模式；加强与金融机构的合作，创新融资新方式，拓宽融资新渠道，进一步降低财务成本。坚持以边际贡献为核心，加强数据分析、指标测算及数据支持，为电煤采购及电量营销提供科学引导。完成数字化仓库建设，实现全部物资入库管控，全面盘活库存物资，持续加强物资规范化管理。

7.4 能源互联网

能源互联网是依托互联网技术实现能源与信息良性互动的资源信息共享平台，是能源电力技术与信息科学技术融合发展的必然方向。目前，能源互联网的发展研究主要集中在全球能源互联网、区域能源互联网、城市能源互联网、园区能源互联网等方面。全球能源互联网主要以特高压电网为主要载体，以消纳清洁能源为目的，实现全世界互联的骨干电网。区域能源互联网旨在实现对区域内风、光、生物质等众多类别的可再生能源就地消纳，满足区域内冷、热、电、气的用能需要。在人口稠密、能源需求较大的城市开展城市能源互联网，通过建设能源耦合与管理的智能互联网实现公共服务。园区能源互联网以满足用户侧需求为目标，基于电力和天然气实现能源耦合与互联。

案例 1：上海临港"新能源 + 微电网"综合智慧能源示范项目

上海临港"新能源 + 微电网"综合智慧能源示范项目位于上海电力大学临港校区，项目主要由"风光储一体化智慧综合能源""太阳能 + 空气源热泵的智能热网"以及"智慧能源管控系统"组成，通过三组系统协调不同节能系统之间的配合，放大总体的节能效果。项目实现了源（多种新能源）、网（冷热电气网）、荷（负荷需求侧响应）、储（多种储能形式）的协调优化运行。

2021 年 11 月，上海电力大学与国网上海市电力公司签约共同培育建设临港综合智慧能源协同创新平台，率先推动全国首个"1+2+6+X""多规合一"的综合能源规划在临港新片区进行试验并打造产教研发平台。近年来，校企充分发挥各自优势，在综合能源智慧协同发展解决方案与系列科创支撑技术体系、人才培养等方面展开合作，为临港能源技术创新及成果转化提供载体，实现互利共赢的共同愿景。

校企合作开展综合能源、能源互联网领域联合攻关，取得关键技术突破。该平台本身就是一个跨学科、高水平的研发平台，涵盖学校电气、能源动力、自动化、计算机、经管等主干学科方向；聚焦当前国内外能源电力关键方向的前沿技术。在功能设计上，既能够解决全校科研发展的共性问题，又能解决相关学科群二级学院的个性化科研发展问题，同时又瞄准了当前能源电力行业企业关键技术问题。

基于平台良好的基础，围绕国家和地区能源重大战略需求，以新能源、综合能源、智能电网等新形势下电力行业关注的焦点问题为抓手，通过关键技术领域突破，开展重点任务攻关，与能源电力领域的大型企业、科研院所联合建立多团队协同、多技术集成的重大需求研发协同体，在考虑多种能源动态与稳态特性的综合能源协同优化、基于泛在物联技术的主动配电网规划运维、城市用户侧多级能源互联网系统研发示范等领域和方向开展集中攻关，并开发相应的高级应用模块用于平台的扩展与升级，反过来促进新技术在企业的应用，最终将平台打造成在行业具有影响力的能源电力创新技术研发基地。

案例2：国网江苏同里综合能源服务中心示范工程

国网江苏同里综合能源服务中心示范工程是"电网为平台、再电气化为核心、多能协同互补"的区域能源互联网，包含能源供应、能源配置、能源消费、能源服务4大类共15项创新示范项目。其中，能源供应类包括多能互补综合利用、高温相变光热发电等项目，打造清洁低碳的城市能源供应解决方案；能源配置类包括微网路由器、源网荷储协调控制系统等项目，将电能安全高效地输送到客户家中；能源消费类包括绿色充换电站、"三合一"电子公路等项目，集中展示了绿色智能的用能新技术、新理念、新模式；能源服务类包括综合能源服务平台、综合能源展示中心等项目，强化互动共享的综合能源服务新体验。15项创新示范项目的具体情况如下。

（1）多能互补综合利用系统

多能互补综合利用系统由多类型光伏发电系统、风力发电系统和地源热泵冰蓄冷系统组成，在微网路由器及交直流配电房、光热用房的屋顶和南侧立面以及传达室、生态车棚顶部敷设光伏组件，装机容量总计477 kW。沿服务中心西侧围墙安装了4个共20 kW的低风速垂直轴风机。各种发电装置对风能、太阳能、地热能等多种能源进行采集，根据能源的特性不同进行合理利用。

（2）高温相变光热发电系统

高温相变光热发电系统集太阳能发电、高温相变储热、综合能源供应等多种技术与功能于一体。该系统由两套碟式太阳能聚光器、高温相变储热系统汽轮机热电联产系统组成，综合能源使用效率高，可解决传统太阳能发电效率较低问题，结合高温相变储热系统，还能实现太阳能的友好可控应用，为综合利用分布式低密度太阳能提供示范性的解决方案。

该系统外形很像射电望远镜，不同的是，射电望远镜收集的是信号，而该系统收集的是太阳能。它就像一个巨型的太阳灶，将阳光汇聚，加热介质液体，再通过液体蒸发推动汽轮机发电，同时将收集的热能储存在介质中用于供暖，综合能源利用效率高达43.5%。

（3）预制舱式储能系统

预制舱式储能系统相当于一个超大型的城市"充电宝"。用电低谷时，电网给这个"充电宝"充电；用电高峰时，"充电宝"释放电能，削峰填谷。该系统能够提升电网接纳新能源能力、电网平衡能力，提高电网和电源整体运行效率以及供电可靠性。

（4）高温相变储热系统

高温相变储热系统相当于一个城市"电暖宝"，通俗来说，就是将低谷时多余的电用来发热，变成热能储存起来。不过存储的介质是一种新材料——陶瓷基复合相变材料。它的能量储存密度很大，一个普通家用电暖器的功率大致是 1 kW，而这个大型的"电暖宝"却能给 500 户家庭整夜供暖。

该系统采用自主研发的复合高温相变砖作为储热介质，将高温相变储热技术、高效气水换热技术、吸收式制冷技术相结合，实现了热、冷的综合利用，装置电热效率可达 95% 以上。该系统可以消纳谷电或者弃风、弃光等可再生能源，提高电网调峰能力。

（5）压缩空气储能系统

压缩空气储能系统相当于一个"空气电池"，用电低谷时，利用多余的电能压缩空气，将空气液化，从而电能转换为空气势能进行存储；用电高峰时，再将空气势能释放，推动汽轮机发电，转换为电能。液化和汽化都伴随着放热和吸热，就如同一台小空调。利用这两种特性，压缩空气储能系统还具有供冷、供暖以及净化空气的功能。

规模化储能技术是能源互联网完成新能源高效传输与智能配置的核心技术，压缩空气储能技术具有储能容量大、成本低、寿命长、无污染等优势，可有效助力新能源规模化消纳、调峰填谷。该项目采用了液化空气储能技术路线，每个压缩周期可为园区提供 500 kW·h 电量，夏季供冷量约 2.9 GJ/d，冬季供暖量约 4.4 GJ/d，可满足建筑面积为 2 500 m^2 的用户供热供冷需求。

（6）微网路由器

微网路由器是国家重点研发计划项目，也是国网江苏同里综合能源服务中心的核心部件，负责中心全部电能的中转。微网路由器就像能源"立交桥"，能实现多种电压等级与交直流电源之间的自由变换。

微网路由器作为交直流混合分布式能源系统的枢纽，由四端口电力电子变压器和协调运行控制系统组成，面向多个微网，通过端口的能量调控和信息交互，实现多微网间的能量路由和协调控制，具有分布式资源灵活接入、能量柔性管控、电能质量治理、故障自监测自隔离等多种功能。

（7）低压直流配电环网

低压直流配电环网采用直流配电系统运行控制与保护、灵活直流电压变换、直流变压隔离等关键技术，实现 ±750 V 直流配电网络合环运行，支持新能源、储能接入及能量双向互动。项目通过双向变流器等设备构建交直流网架，共建有 10 kV 交流线路 3 回、380 V 交流线路 30 回、±375 V 线路 4 回、±750 V 线路 27 回。该项目通过交直流混合配电系统的建设，实现服务中心交直流网架的互联互通，保证分布式电源和负荷的即插即用，使区域内供电可靠性达99.999 9%，综合能效提升 6%。

（8）中低压交直流配套

中低压交直流配套相当于一个"万能插座"。中低压交直流配套是世界首个多源接入、合环运行的直流配电网，借由微网路由器可保证分布式电源和负荷的即插即用，可实现各种分布式电源的互相转换、就地消纳，对转变传统供电模式和促进综合能源体系转型具有重要意义。

其中，10 kV 交流网架上级电源引自不同变电站，并采用单母分段接线方式，保障区域供电可靠性；±750 V 直流网架实现容量较大、距离较远的分布式能源和直流负荷接入；采用合环运行方式，实现多微网间互联互通，在实现客户负荷实时多电源供电的基础上，零感知切除故障；±375 V 直流网架为容量较小、距离较近的分布式能源和直流负荷接入提供接口；380 V 交流网架便于常规交流电机等旋转负荷的接入。

（9）源网荷储协调控制系统

源网荷储协调控制系统是能源互联网的"指挥部"，实现了冷热电多种能源资源的协调配置，通过对电网端、电网运输端和客户负荷端三方的监测、分析、智能判断，让电网运行得更智能。

同里示范区包含冷-热-电等多种能源形式，贯穿源-网-荷-储多个能源环节，具有多类型的用户群体以及丰富的可调控资源。为此，建设冷热电源网荷储协调控制系统，采用分层分区、协调控制的模式，与新建的微网路由器、光热发电、绿色充换电站、"三合一"电子公路、压缩空气储能、预制舱式储能、地源热泵、蓄冷蓄热等装置进行接口互动，实现示范区源－网－荷－储的协调运行分析控制以及冷－热－电多能互补联合运行控制，在区域内提升可调控资源的互动协调控制水平，实现新能源的合理配置与完全消纳。

（10）"三合一"电子公路

"三合一"电子公路是"不停电的智慧公路"，是世界上首次实现将光伏公路、无线充电和无人驾驶三项技术融合的应用。它采用新型透明混凝土柔性材料，承重能力达 50 t 以上。下雪时，路面可以自行融雪化冰，并有 LED 路灯智能引导。电子公路的动态无线充电效率国内领先，达到 85% 以上。

该项目采用路面光伏发电、动态无线充电等新技术，建成了世界最长的动态无线充电道路，为无人驾驶车辆进行动态充电，有效促进车、路和交通环境的智能协同，实现了电力流、交通流、信息流的智慧交融，为建设新能源利用综合体和新型智慧城市做了前瞻研究和有益探索。

（11）绿色充换电站

绿色充换电站由光伏发电系统、充电系统、换电等系统组成。站内机器人可为公交车、乘用车提供全自动换电和快速充电服务。绿色充换电站还配备了光伏发电装置，保证能源的自产自销。即使脱离大电网，它也能独立完成发电、充电和放电。绿色充换电站可实现新能源消纳、退役电池梯次利用和充换电站的经济高效运行。

（12）负荷侧虚拟同步机

负荷侧虚拟同步机是一种基于先进同步变流和储能技术的电力电子装置，可调频与调压，增强大电网的频率及电压稳定性。综合能源服务中心内负荷侧虚拟同步机由虚拟同步机充电机和虚拟同步机路灯组成，包括 3 台 60 kW 直流充电机、1 台 120 kW 直流充电机和 118 盏 LED 路灯。

大规模虚拟同步机接入电网后，将有效增强电网的频率及电压稳定性，其规模化应用后的调频调压能力可以缓解传统备用电源的建设压力，极大降低电网运行成本。虚拟同步机路灯还具备双调光、智能环境监测、雾化降霾、信息发布和智能充电桩等功能。

（13）同里湖嘉苑被动式建筑

同里湖嘉苑被动式建筑是中国首个被动式住宅改造项目，采用了外保温、装配式建材装修、光伏瓦与建筑一体化安装等多项技术。改造之后的住宅通过高效新风系统和低功率供暖制冷设备相配合，可基本满足室内恒温恒湿的设计要求，最大限度地降低对主动式机械采暖和制冷系统的依赖。被动式建筑综合能效较改造前提升40%，建筑节能率达到90%以上，实现了建筑自发自用电的"零能耗"效果，同时具备被动储能、室温调节与智能语音控制家居等功能。

（14）同里综合能源服务平台

同里综合能源服务平台建有多功能软件系统，相当于家庭私人定制的"用电保姆"。该平台具备数据采集、存储、服务功能，能提供水、电、气、热、冷等能源全方位、全天候、专家型、互动式的客户服务，可以提供有针对性的能源供应、配置、消费模型分析诊断，以及创新性的方案咨询等服务，使客户真正省心用能、省钱用能和绿色用能。

（15）综合能源展示中心

综合能源展示中心展示世界先进能源变革技术创新成果，讲述能源就地开发利用、可靠供应的故事，传递能源变革理念，展望以电为核心、电网为平台的未来多能互补能源利用趋势。

参考文献

[1] 中国电力行业年度发展报告 2023（摘要）[N]. 中国电力报，2023-07-12(3).

[2] 于扬洋，林伟荣，肖平，等. 煤热解分级转化热电油天然气多联产系统技术经济性分析 [J]. 热力发电，2017, 46(9): 8-16.

[3] 李超，李广民，夏芝香，等. 50 MW 循环流化床煤炭分级转化多联产技术开发 [J]. 洁净煤技术，2021, 27(5): 157-163.

[4] 岑可法，倪明江，骆仲泱，等. 基于煤炭分级转化的发电技术前景 [J]. 中国工程科学，2015, 17(9): 118-122.

[5] 高清林，高嘉锜，李毅，等. 燃煤机组耦合生物质直燃发电综合分析 [J]. 可再生能源，2023, 41(12): 1571-1578.

[6] 别如山，兰祯. 生物质能应用技术现状及发展趋势 [J]. 工业锅炉，2023, (5): 1-6.

[7] 王倩，王卫良，刘敏，等. 超（超）临界燃煤发电技术发展与展望 [J]. 热力发电，2021, 50(2): 1-9.

[8] 高宁博，李爱民，曲毅. 生物质气化及其影响因素研究进展 [J]. 化工进展，2010, 29(S1): 52-57.

[9] 郑锦涛. 煤气热载体分段多层低阶煤热解成套工业化技术（SM—GF）的应用 [J]. 煤炭加工与综合利用，2018(8): 55-58，74.

[10] 杨文虎. 1350 MW 超超临界汽轮机技术特点及分析 [J]. 中国电力，2020, 53(1): 162-168，176.

[11] 尚建选，牛犇，牛梦龙，等. 以煤热解为龙头的煤分质利用技术：回顾与展望 [J]. 洁净煤技术，2023, 29(7): 1-20.

[12] 王月明，牟春华，姚明宇，等. 二次再热技术发展与应用现状 [J]. 热力发电，2017, 46(8):10-15.

[13] CHI S, LUAN T, LIANG Y, et al. Analysis and evaluation of multi-energy cascade utilization system for ultra-supercritical units[J]. Energies, 2020, 13(15): 1-13.

[14] CAU G, TOLA V, BASSANO C. Performance evaluation of high-sulphur coal-fired

USC plant integrated with SNOX and CO_2 capture sections[J]. Applied Thermal Engineering, 2015(74): 136-145.

[15] LIAO W, ZHANG X, KE H, et al. The techno-economic-environmental analysis of a pilot-scale positive pressure biomass gasification coupled with coal-fired power generation system[J]. Journal of Cleaner Production, 2023(402). DOI: 10.1016/ j.jclepro.2023.136793.

[16] BHUTTO A W, BAZMI A, ZAHEDI G. Underground coal gasification: from fundamentals to applications[J]. Progress in Energy and Combustion Science, 2013, 39(1): 189-214.

[17] ERIXNO O,RAHIM N A,RAMADHANI F, et al. Energy management of renewable energy-based combined heat and power systems: a review[J]. Sustainable Energy Technologies and Assessments, 2022(51). DOI: 10.1016/j.seta.2021.101944.

[18] LIANG X, WANG Z, ZHOU Z, et al. Up-to-date life cycle assessment and comparison study of clean coal power generation technologies in China[J]. Journal of Cleaner Production, 2013(39): 24-31.

[19] FAN J, ZHANG X, ZHANG J, et al. Efficiency evaluation of CO_2 utilization technologies in China: a super-efficiency DEA analysis based on expert survey[J]. Journal of CO_2 Utilization, 2015(11): 54-62.

[20] CAU G, TOLA V, DEIANA P. Comparative performance assessment of USC and IGCC power plants integrated with CO_2 capture systems[J]. Fuel, 2014(116): 820-833.

[21] ZHAO L, XIAO Y, GALLAGHER K S, et al. Technical, environmental, and economic assessment of deploying advanced coal power technologies in the Chinese context[J]. Energy Policy, 2008(36): 2709-2718.

[22] 王鑫 . 太阳能电池技术与应用 [M]. 北京 : 化学工业出版社 , 2022.

[23] 郑瑞澄 . 太阳能利用技术 [M]. 北京 : 中国电力出版社 , 2018.

[24] 刘鉴民 . 太阳能利用原理 • 技术 • 工程 [M]. 北京 : 电子工业出版社 , 2010.

[25] 张超 . 水电能资源开发利用 [M]. 2 版 . 北京 : 化学工业出版社 , 2014.

[26] 曹炯玮 , 魏加华 , 李想 , 等 . 青海省太阳能 - 风能发电潜力评估及时空格局 [J]. 太阳能学报 , 2023, 44(10): 255-265.

[27]   BRINKMAN, K O, WANG P, LANG F, et al. Perovskite-organic tandem solar cells[J].
       Nature Reviews Materials, 2024(9): 202-217.

[28]   LI Y, RU X, YANG M, et al. Flexible silicon solar cells with high power-to-weight
       ratios[J]. Nature, 2024(626): 105-110.

[29]   LAKEMAN S. Indigenous perspectives in Norway[J]. Nature Energy, 2023(8): 111.

[30]   WOHLFAHR G, TOMELLERI E, HAMMERLE A. The albedo-climate penalty of
       hydropower reservoirs[J]. Nature Energy, 2021(6): 372-377.

[31]   KIRKEGAARD J K, RUDOLPH D P, NYBORG S, et al. Tackling grand challenges
       in wind energy through a socio-technical perspective[J]. Nature Energy, 2023(8):
       655-664.

[32]   LEI Y, WANG Z, WANG D, et al. Co-benefits of carbon neutrality in enhancing and
       stabilizing solar and wind energy[J]. Nature Climate Change, 2023(13): 693-700.

[33]   刘艳娇, 彭爱武, 黄铭冶. 海洋波浪能发电装置 PTO 系统研究进展 [J]. 太阳能学报,
       2023, 44(12): 381-392.

[34]   陈勇. 生物质能技术发展战略研究 [M]. 北京: 机械工业出版社, 2021.

[35]   陶元庆, 董岁具. 生物质能供热研究分析 [J]. 河南科技, 2023, 42(19): 55-59.

[36]   薛崟, 段钰锋, 丁卫科. 生物质电转气技术的生命周期评价 [J]. 动力工程学报,
       2024, 44(2): 232-240.

[37]   邱德杰. 生物质能将成为零碳产业园区供能系统主要组成部分 [J]. 节能与环保,
       2023(11): 29-36.

[38]   李翔. 地热发电技术及其应用前景 [J]. 新型工业化, 2021, 11(3): 167-168.

[39]   张育平, 杨潇, 刘俊, 等. 地源热泵系统能效提升途径 [J]. 油气藏评价与开发,
       2023, 13(6): 726-740.

[40]   姚远, 龚宇烈, 叶灿滔, 等. 长三角地区地热利用创新技术应用进展 [J]. 科技导报,
       2023, 41(12): 33-45.

[41]   YOSHINAGA M, KANEKO C. Operational control methods for a parallel system
       combining ground source and air source heat pumps in a warm region[J]. Journal of
       Building Engineering, 2024(86). DOI: 10.1016/j.jobe.2024.108712.

[42]   陈海生, 李泓, 马文涛, 等. 2021 年中国储能技术研究进展 [J]. 储能科学与技术,

2022, 11(3): 1052-1076.

[43] 陈海生，李泓，徐玉杰，等 . 2022 年中国储能技术研究进展 [J]. 储能科学与技术，
      2023, 12(5): 1516-1552.

[44] 陈海生，李泓，徐玉杰，等 . 2023 年中国储能技术研究进展 [J]. 储能科学与技术，
      2024, 13(5): 1359-1397.

[45] 江霞，汪华林 . 碳中和技术概论 [M]. 北京：高等教育出版社，2022.

[46] 中国氢能联盟 . 中国氢能源及燃料电池产业白皮书 2020[R]. 北京：中国氢能联盟，
      2021.

[47] 毛宗强，毛志明 . 氢气生产及热化学利用 [M]. 北京：化学工业出版社，2015.

[48] 余碧莹，赵光普，安润颖，等 . 碳中和目标下中国碳排放路径研究 [J]. 北京理工大
      学学报 (社会科学版)，2021, 23(2): 17-24.

[49] 李建林，李光辉，马速良，等 . 碳中和目标下制氢关键技术进展及发展前景综述 [J].
      热力发电，2021, 50(6): 1-8.

[50] 丁福臣，易玉峰 . 制氢储氢技术 [M]. 北京：化学工业出版社，2006.

[51] SHAMS A, FAISALA K, YAHUI Z, et al. Recent development in electrocatalysts for
      hydrogen production through water electrolysis[J]. International Journal of Hydrogen
      Energy, 2021, 46(63): 32284-32317.

[52] 乔春珍 . 化石能源走向零排放的关键：制氢与 CO_2 捕捉 [M]. 北京：冶金工业出版
      社，2011.

[53] 吴振宇，张轩 . 工业副产氢成本及应用分析 [J]. 广东化工，2024, 51(1): 62-64.

[54] 郝树仁，童世达 . 烃类转化制氢工艺技术 [M]. 北京：石油工业出版社，2009.

[55] 吴朝玲，李永涛，李媛 . 氢的储运与输运 [M]. 北京：化学工业出版社，2021.

[56] 陈瑞 . 高压储氢风险控制技术研究 [D]. 杭州：浙江大学，2008.

[57] ULRICH E, MICHAEL F, FERDI S. Chemical and physical solutions for hydrogen
      storage.[J]. Angewandte Chemie, 2009, 48(36): 6608-6630.

[58] 肖振华 . 生物质制氢技术及其研究进展 [J]. 化学工程与装备，2023(4): 192-193.

[59] 吕翠，王金阵，朱伟平，等 . 氢液化技术研究进展及能耗分析 [J]. 低温与超导，
      2019, 47(7): 11-18.

[60] 伊立其，郭常青，谭弘毅，等 . 基于有机液体储氢载体的氢储能系统能效分析 [J].

新能源进展, 2017, 5(3): 197-203.

[61] 上官方钦, 刘正东, 殷瑞钰. 钢铁行业"碳达峰""碳中和"实施路径研究 [J]. 中国冶金, 2021, 31(9): 15-20.

[62] 张丝钰, 张宁, 卢静, 等. 绿氢示范项目模式分析与发展展望 [J]. 南方能源建设, 2023, 10(3): 89-96.

[63] PINAUD A B, BENCK D J, SEITZ C L, et al. Technical and economic feasibility of centralized facilities for solar hydrogen production via photocatalysis and photoelectrochemistry[J]. Energy Environmental Science, 2013, 6(7): 1983-2002.

[64] 陈衍彪. 新型炉料制备及在富氢高炉下的冶金行为研究 [D]. 北京: 北京科技大学, 2023.

[65] 鲁雄刚, 张玉文, 祝凯, 等. 氢冶金的发展历程与关键问题 [J]. 自然杂志, 2022, 44(4): 251-266.

[66] 全国氢能标准化技术委员会. 氢能国家标准汇编 [M]. 北京: 中国标准出版社, 2013.

[67] 郑津洋, 刘自亮, 花争立, 等. 氢安全研究现状及面临的挑战 [J]. 安全与环境学报, 2020, 20(1): 106-115.

[68] 李爽, 史翊翔, 蔡宁生. 面向能源转型的化石能源与可再生能源制氢技术进展 [J]. 清华大学学报 (自然科学版), 2022, 62(4): 655-662.

[69] 陆诗建. 碳捕集、利用与封存技术 [M]. 北京: 中国石化出版社, 2020.

[70] 李政, 许兆峰, 张东杰, 等. 中国实施 CO_2 捕集与封存的参考意见 [M]. 北京: 清华大学出版社, 2012.

[71] 彭斯震, 张九天, 魏伟. 中国二氧化碳利用技术评估报告 [M]. 北京: 科学出版社, 2017.

[72] 刘志敏. 二氧化碳化学转化 [M]. 北京: 科学出版社, 2018.

[73] DAVOODI S, AL-SHARGABI M, WOOD D A, et al. Review of technological progress in carbon dioxide capture, storage, and utilization[J]. Gas Science and Engineering, 2023(117). DOI:10.1016/j.jgsce.2023.205070.

[74] 张贤, 李阳, 马乔, 等. 我国碳捕集利用与封存技术发展研究 [J]. 中国工程科学, 2021, 23(6): 70-80.

[75] 胡道成，王睿，赵瑞，等 . 二氧化碳捕集技术及适用场景分析 [J]. 发电技术，2023，44(4): 502-513.

[76] 刘练波 . 相变型 CO_2 化学吸收剂研发及中试验证 [D]. 杭州：浙江大学，2023.

[77] HASAN H F, AL-SUDANI F T, ALBAYATI T M, et al. Solid adsorbent material: a review on trends of post-combustion CO_2 capture[J]. Process Safety and Environmental Protection, 2024(182): 975-988.

[78] DONG G, ZHANG X, ZHANG Y, et al. Enhanced permeation through CO_2-stable dual-inorganic composite membranes with tunable nanoarchitectured channels[J]. ACS Sustainable Chemistry Engineering, 2018, 6(7): 8515-8524.

[79] 武永健 . 化学链燃烧的特性及应用研究 [D]. 北京：北京科技大学，2019.

[80] RHEINHARDT J H, SINGH P, TARAKESHWAR P, et al. Electrochemical capture and release of carbon dioxide[J]. ACS Energy letters, 2017, 2(2): 454-461.

[81] JONES M B, ALBANITO F. Can biomass supply meet the demands of bioenergy with carbon capture and storage (BECCS)?[J]. Global change biology, 2020, 26(10): 5358-5364.

[82] SABATINO F, GRIMM A, GALLUCCI F, et al. A comparative energy and costs assessment and optimization for direct air capture technologies[J]. Joule, 2021, 5(8): 2047-2076.

[83] 张丽，马善恒 . CO_2 资源转化利用关键技术机理、现状及展望 [J]. 应用化工，2023, 52(6): 1874-1878.

[84] 卢义玉，周军平，鲜学福，等 . 超临界 CO_2 强化页岩气开采及地质封存一体化研究进展与展望 [J]. 天然气工业，2021, 41(6): 60-73.

[85] 张广宇，赵健，孙峰，等 . CO_2 催化转化制碳酸丙烯酯研究进展：催化剂设计、性能与反应机理 [J]. 化工进展，2022, 41(S1): 177-189.

[86] ZHAO Y, ITAKURA K. A state-of-the-art review on technology for carbon utilization and storage[J]. Energies, 2023, 16(10). DOI: 10.3390/en16103992.

[87] FANG H, SANG S, WANG Z, et al. Numerical analysis of temperature effect on CO_2 storage capacity and CH_4 production capacity during the CO_2-ECBM process[J]. Energy, 2024(289). DOI: 10.1016/j.energy.2023.130022.

[88] EHLIG-ECONOMIDES C A. Geologic carbon dioxide sequestration methods, opportunities, and impacts[J]. Current Opinion in Chemical Engineering, 2023(42). DOI: 10.1016/j.coche.2023.100957.

[89] 张虎, 谭英南, 朱瑞鸿, 等. 微藻生物固碳技术在"双碳"目标中的应用前景 [J]. 生物加工过程, 2023, 21(4): 390-400.

[90] 崔志峰, 徐安军, 上官方钦. 国内外钢铁行业低碳发展策略分析 [J]. 工程科学学报, 2022, 44(9): 1496-1506.

[91] 王晓霞, 慕进文, 朱青德. 废塑料在钢铁行业的应用 [J]. 工业加热, 2021, 50(9): 59-64.

[92] 张福明, 程相锋, 银光宇, 等. 国内外低碳绿色炼铁技术的发展 [J]. 炼铁, 2021, 40(5): 1-8.

[93] 中国冶金百科全书·钢铁冶金 [M]. 北京: 冶金工业出版社. 2001.

[94] 朱荣, 魏光升, 张洪金. 近零碳排电弧炉炼钢工艺技术研究及展望 [J]. 钢铁, 2022, 57(10): 1-9.

[95] 姜周华, 姚聪林, 朱红春, 等. 电弧炉炼钢技术的发展趋势 [J]. 钢铁, 2020, 55(7): 1-12.

[96] 刘璐华, 刘永刚, 周伟, 等. 电弧炉炼钢高效节能技术的发展现状 [J]. 工业加热, 2024, 53(1). DOI: 10.3969/j.issn.1002-1639.2024.01.001.

[97] ZHU R, WEI G, ZHANG H. Research and prospect of EAF steelmaking with near-zero carbon emissions[J]. Iron and Steel, 2022, 57(10): 1-9.

[98] 张志霞, 宋说讲. 转底炉煤基炼铁工艺及其发展前景分析 [J]. 山西冶金, 2018, 41(6): 86-88.

[99] 星占雄. 铝电解槽节能技术发展历程及特点分析 [J]. 世界有色金属, 2019(8): 16-18.

[100] 杨健壮, 魏致慧. 铝电解节能降耗技术研究与应用现状 [J]. 甘肃冶金, 2020, 42(4): 44-47.

[101] 郑诗礼, 叶树峰, 王倩, 等. 有色金属工业低碳技术分析与思考 [J]. 过程工程学报, 2022, 22(10): 1333-1348.

[102] 葛晓. 5000 t/d 熟料生产线生料磨系统改造实例分析 [J]. 水泥, 2023(4): 30-32.

[103] TONG R, SUI T, FENG L, et al. The digitization work of cement plant in China[J]. Cement and Concrete Research, 2023(173). DOI: 10.1016/j.cemconres.2023.107266.

[104] 汪澜. 水泥生产工艺技术发展及节能降碳前瞻性技术分析 [J]. 水泥, 2022(6): 1-4.

[105] 夏瑞杰, 刘猛, 王海龙. 高贝利特硫铝酸盐水泥的研究进展 [J]. 建筑技术, 2021, 52(11): 1381-1385.

[106] XIE J, WU Z, ZHANG X, et al. Trends and developments in low-heat portland cement and concrete: A review[J]. Construction and Building Materials, 2023(392). DOI: 10.1016/j.conbuildmat.2023.131535.

[107] CAO Y, WANG Y, ZHANG Z, et al. Recent progress of utilization of activated kaolinitic clay in cementitious construction materials[J]. Composites Part B-Engineering 2021(211). DOI: 10.1016/j.compositesb.2021.108636.

[108] 韩志. 双炉侧顶吹粗铜连续吹炼工艺介绍及应用意义 [J]. 科技与创新, 2015(19): 84-85.

[109] YU J, HAN Y, LI Y, et al. Recent advances in magnetization roasting of refractory iron ores: a technological review in the past decade[J]. Mineral Processing and Extractive Metallurgy Review, 2020, 41(5): 349-359.

[110] 董明. 有色金属行业推进绿色低碳发展的思考 [J]. 绿色矿冶, 2023, 39(4): 1-5.

[111] LI B, QI B, GUO Z, et al. Recent developments in the application of membrane separation technology and its challenges in oil-water separation: a review[J]. Chemosphere, 2023. DOI: 10.1016/j.chemosphere.2023.138528.

[112] 刘璐华, 刘永刚, 周伟, 等. 电弧炉炼钢高效节能技术的发展现状 [J]. 工业加热, 2024, 53(1): 1-5.